V&R

W0219215

Handlungskompetenz im Ausland

herausgegeben von
Alexander Thomas, Universität Regensburg

Vandenhoeck & Ruprecht

Stefan Schmid
Alexander Thomas

Beruflich in Großbritannien

Trainingsprogramm für Manager, Fach- und Führungskräfte

Vandenhoeck & Ruprecht

Die 11 Cartoons hat Jörg Plannerer gezeichnet.

Bibliografische Information Der Deutschen Bibliothek

Die Deutsche Bibliothek verzeichnet diese Publikation in der Deutschen Nationalbibliografie; detaillierte bibliografische Daten sind im Internet über <http://dnb.ddb.de> abrufbar.

ISBN 3-525-49051-8

© 2003 Vandenhoeck & Ruprecht, Göttingen
www.vandenhoeck-ruprecht.de
Printed in Germany. – Das Werk einschließlich aller seiner Teile ist urheberrechtlich geschützt. Jede Verwendung außerhalb der engen Grenzen des Urheberrechtsgesetzes ist ohne Zustimmung des Verlages unzulässig und strafbar. Das gilt insbesondere für Vervielfältigungen, Übersetzungen, Mikroverfilmungen und die Einspeicherung und Verarbeitung in elektronischen Systemen.
Satz: Satzspiegel, Nörten-Hardenberg
Druck- und Bindearbeiten: Hubert & Co., Göttingen

Inhalt

Vorwort

Die deutsch-britischen Wirtschaftsbeziehungen blicken auf eine lange Tradition zurück, und zwar nicht nur in bezug auf Export und Import oder zeitlich begrenzte Handelsbeziehungen, sondern auch mit Blick auf über Generationen hinweg erfolgende enge Wirtschaftskooperationen zwischen deutschen und britischen Firmen und deutsch-britischen Gemeinschaftsunternehmen. In der Nachkriegszeit, in Verbindung mit der Bildung eines vereinten Europas, insbesondere der engen wirtschaftlichen und politischen Verflechtungen infolge der Erstarkung der Europäischen Union, sind diese Wirtschaftsbeziehungen immer umfangreicher geworden und auch engmaschiger. Sowohl im Umfang wie in der tiefenstrukturellen Verflechtung ist eine deutliche Verstärkung der deutsch-britischen Wirtschaftsbeziehungen zu verzeichnen. In diesem Zusammenhang ist auch zu beobachten, daß viele deutsche und britische Unternehmen auf dem internationalen und globalen Markt miteinander kooperieren, daß ihre Wettbewerbsfähigkeit gegenüber anderen europäischen und außereuropäischen Konkurrenten so gestärkt wird, daß Deutsche und Briten unter diesen Bedingungen nur gemeinsam erfolgreich sind.

Nun zeigen aber Forschungsarbeiten, die sich mit der Ausprägung kulturrelevanter Dimensionen auf Nationenebene beschäftigen, und Studien, die speziell deutsch-britische Beziehungen zum Gegenstand haben, daß auf nationalkultureller Ebene erhebliche Unterschiede zwischen Deutschen und Briten bestehen. Forschungsarbeiten zeigen eindrucksvoll, wie tiefgehend, trotz der langen Erfahrungen in der deutsch-britischen Wirtschaftszusammenarbeit, die kulturbedingten Unterschiede ausgeprägt sind. Weiterhin zeigen diese Arbeiten, daß nicht zu erwarten ist, daß mit zunehmender Intensivierung der deutsch-britischen Zusammenarbeit in quantitativer und qualitativer Hinsicht durch Konvergenzprozesse diese Unterschiede nivelliert werden. Vielmehr ist zu beobachten, daß mit zunehmender internationaler Kooperation in gewissen Sektoren zwar Konvergenztendenzen auftreten, dafür aber in anderen Bereich divergierende Einflußfaktoren an Bedeutung zunehmen. Vordergründig führt dies zu einer Zunahme kulturbedingter Probleme in der Wirtschaftszusammenarbeit, auf der anderen Seite kann die Betonung der nationalkulturellen Ausprägungen spezifischer Orientierungssysteme auch als Bereicherung angesehen werden, und zwar immer dann, wenn es den Partnern gelingt, dieses Ressourcenpotential zur Optimierung von Problemlösestrategien zu nutzen.

Damit befremdliches Handeln, Denken, Fühlen und Wahrnehmen als Bereicherung und mögliche Quelle für neue Lösungswege bewertet werden kann, ist es erforderlich, kulturelle Andersartigkeit zu erkennen und zu verstehen. Auf der Basis von Verunsicherung und Ärger ist es schwer, eine kreative Kooperation zu starten. Gerade im deutsch-britischen Zusammenhang – wo wir doch so viel übereinander wissen – drängt sich zunächst bei Mißverständnissen oder unterschiedlichen Herangehensweisen nicht unbedingt die Erklärung auf, Probleme könnten an unterschiedlichen kulturellen Werten und Normen liegen, sondern man wundert sich eher über das kuriose Verhalten des Gegenübers.

Dieses Buch hat zum Ziel, den Leser dafür zu sensibilisieren, wo Deutsche kulturelle Unterschiede in der Zusammenarbeit und im Zusammenleben mit Briten erleben. Es will Verständnis dafür schaffen, wie sich diese Unterschiede historisch entwickelt haben könnten und dazu anregen, das eigene Verhalten in der Zusammenarbeit mit Briten auf den Prüfstand zu stellen, um mit neuem Wissen so manche Situation anders zu bewerten und anzugehen.

Dieses Training setzt sich aus einer Vielzahl von Situationen zusammen, die Mißverständnisse zwischen Deutschen und Engländern illustrieren. Die Situationen sind nicht konstruiert, sondern wurden im Rahmen einer Forschungsarbeit an der Universität Regensburg in umfangreichen Interviews mit Deutschen, die in England leb(t)en, erhoben. Sie beruhen also auf authentischen persönlichen Erfahrungen. Die weitere Analyse der Situationen erfolgte durch ein Team von Experten, die profunde Kenner beider Länder sind, und deren Perspektiven aus unterschiedlichen Fachdisziplinen (Politologie, Soziologie, Geschichte, Anglistik etc.) bildeten die Grundlage für Erklärungen der Situationen und die kulturhistorischen Herleitungen der kulturellen Divergenzen.

Grundsätzliches zur Verwendung des Buchs:

1. Die englische Kultur ist natürlich viel komplexer als in diesem Buch dargestellt. Lehren und Lernen bedeutet immer ein Reduzieren der Sachverhalte, um deren Aufnahme zu erleichtern. Deswegen fassen Sie bitte die hier vorgestellten Kulturstandards als ein Rahmengerüst auf, das nicht alles erklären kann/soll und von Ihnen im Laufe eines Englandaufenthalts mit eigenen Erfahrungen ergänzt und verfeinert werden kann. Die Kulturstandards sollen ihnen helfen, den Fokus zu erweitern auf Motive, die sie zuvor nicht gesehen haben, sollen sie aber nicht einschränken, alles nur noch unter diesen Aspekten zu betrachten – auch Briten sind verschieden.
2. Für erfolgreiches Handeln in einer anderen Kultur ist sowohl das Wissen um das Fremde wie auch um das Eigene unverzichtbar. Konzentrieren Sie sich deswegen nicht nur auf das Erlernen englischer Werte und Normen, sondern reflektieren Sie auch ihre eigenen und deren Wirkung auf Briten.
3. Wenn Sie in diesem Trainingsprogramm feststellen, daß auf der Insel einiges anders läuft als Sie es aus Deutschland gewohnt sind, kann dies zunächst verunsichern. Nutzen Sie diese Verunsicherung als Motivation, sich intensiv auf die Umstellung vorzubereiten.

Stefan Schmid
Alexander Thomas

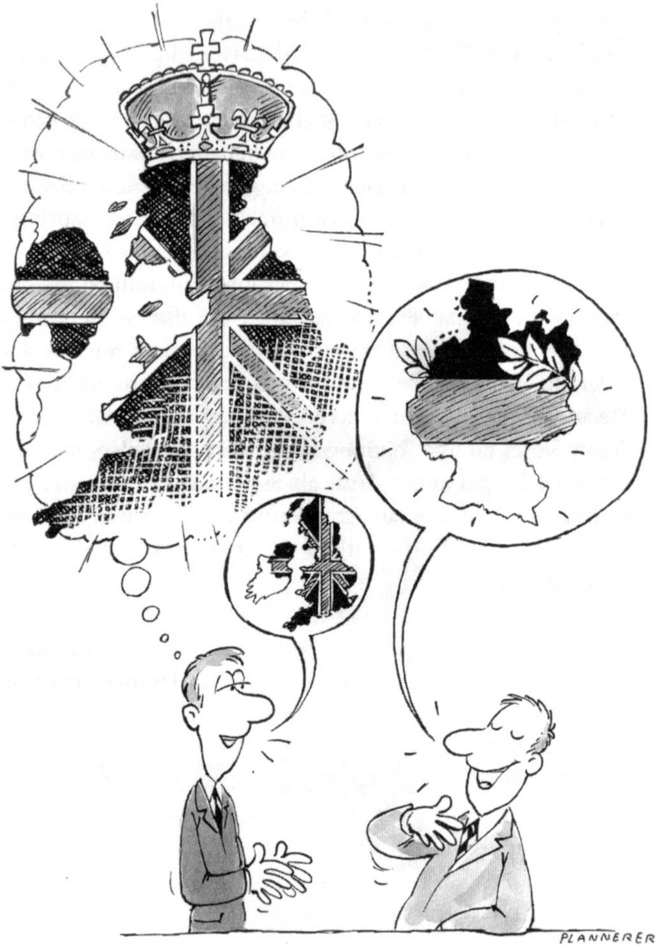
PLANNERER

Einführung in das Training

Englisch zu sprechen heißt nicht, Briten zu verstehen

Nimmt man den Fokus der Schulausbildung als Maßstab, weiß die Mehrheit der Deutschen über kein anderes Land so gut Bescheid wie über Großbritannien. Keine andere Nation genießt im deutschen Schulwesen so viel Aufmerksamkeit. Jeder Schüler setzt sich mindestens fünf Jahre mit dem Erlernen der englischen Sprache auseinander, lernt Details über Literatur, Kultur, Politik, Gebräuche, kurz, beschäftigt sich über Jahre hinweg mit Land und Leuten. Bobbys, rote Telephonzellen und Linksverkehr werden genauso selbstverständlich mit der Insel assoziiert wie das Königshaus, Tee oder das (vermeintlich) schlechte Wetter.

Eine Vielzahl an Austauschprogrammen auf Schul- und Universitätsebene bieten neben Sprachkursen im Land einer großen Zahl junger Deutscher die Möglichkeit, England »hautnah« und nicht nur im Unterricht zu erleben.

Auch von einem historischen Standpunkt aus betrachtet gibt es eine Reihe von Berührungspunkten zwischen den beiden Ländern, die manchen sogar als Rechtfertigung erscheinen, von »Vettern« und »Cousins« zu sprechen. Seien es die gemeinsamen Vorfahren Angeln, Sachsen und Jüten oder die »deutsche Vergangenheit« der englischen Königsfamilie – es scheint so, als ob die Vielzahl verbindender Elemente und umfassender Kenntnisse über Sprache und Sitten das Überbrücken von Differenzen erleichtern müßte.

Zweifel an leicht überwindbaren Meinungsverschiedenheiten mögen aufkommen, wenn man das politische Parkett Europas der letzten Jahre betrachtet und dabei die Rollen in Betracht zieht, die beide Länder dabei spielten. Hier präsentieren sich die

Briten aus deutscher Sicht häufig als sture Eigenbrötler, die im europäischen Einigungsprozeß eher als Bremser fungieren, während die Briten tatsächlich ihre nationale Unabhängigkeit und Identität durch einen Zusammenschluß der europäischen Staaten bedroht sehen. An Verständnis für die Position des jeweiligen Gegenübers scheint es eher zu mangeln.

Die Mediendarstellung der Deutschen während der Fußball-Europameisterschaft 1996, die deutsche Reaktion darauf und die BSE-Krise sind nur ein paar herausragende Beispiele dafür, daß es doch sehr an Einsicht in die Verhältnisse im anderen Land fehlt.

Bemühungen wie das Chequers-Seminar 1990, bei dem sich die damalige Premierministerin Margarete Thatcher mit einer Gruppe von Historikern traf, um anläßlich der bevorstehenden Wiedervereinigungen über die Licht- und Schattenseiten des deutschen »Nationalcharakters« zu diskutieren, verstärken zusätzlich den Eindruck, daß trotz aller Bemühungen in den Bildungssystemen gerade in bezug auf kulturelle Unterschiede zwischen Großbritannien und Deutschland noch Klärungsbedarf besteht.

Dies wirft natürlich auch die Frage auf, wie solche etwaigen Unterschiede die Interaktionen zwischen Menschen beider Länder jenseits der Politik beeinflussen und unter Umständen sogar beeinträchtigen. Im Rahmen der europäischen Integration und einer zunehmenden Globalisierung der Wirtschaft wird der interkulturelle Kontakt inzwischen für immer mehr Menschen aus beiden Ländern bedeutsam.

Die interkulturelle Psychologie hat eine Reihen von Methoden entwickelt, kulturelle Unterschiede zu beschreiben und in Form von Trainings zu vermitteln, um so Leben und Arbeiten in Kulturen mit anderen Werten und Normen zu erleichtern. Eines der erfolgreichste Trainingswerkzeuge ist der sogenannte Culture Assimilator, und zu dieser Gattung gehört auch das hier vorgestellte Trainingsprogramm.

■ Was bedeutet in diesem Zusammenhang »Kultur«?

Schon von frühesten Kindesbeinen an lernen wir die Regeln und Gesetze unserer materiellen, aber auch unserer sozialen Umwelt. Wir begreifen also nicht nur, daß man sich an einer Kerze verbrennt, sondern wir werden von den Eltern angeleitet, wie man sich bei Tisch benimmt, wie man sich wäscht und kleidet, oder wie man sich Unbekannten gegenüber verhält. Alle diese Normen hören und sehen wir irgendwann zum ersten Mal, durch ihr tägliches Wiederkehren werden sie uns jedoch sehr schnell selbstverständlich, und wir setzen sie automatisch auch bei anderen voraus.

Dies erleichtert das alltägliche Leben ungemein, denn »man weiß einfach« wie bestimmte Vorgänge abzulaufen haben, ohne daß man sie täglich immer neu erfinden müßte. Wenn wir uns zum Beispiel in Deutschland entscheiden, mit dem Zug zu fahren, gehen wir zum Bahnhof, kaufen uns eine Fahrkarte und nehmen an, daß der Zug ungefähr um die Zeit abfährt wie im Fahrplan angegeben. Dies haben wir schon oft so erlebt und deshalb erwarten wir es so.

Natürlich gibt es Ausnahmen und Abweichungen von diesen Regeln – der Zug kann viel zu spät kommen, und es gibt wohl auch Personen, die sich keine Fahrkarte kaufen würden. In der Mehrzahl der Fälle ist es jedoch realistisch anzunehmen, daß die Regeln, nach denen ich mich verhalte, mit denen meiner Mitmenschen zu einem großen Teil übereinstimmen. Meistens schätze ich also das Verhalten anderer zutreffend ein und habe selbst das Gefühl, verstanden zu werden.

Durch diese miteinander geteilten Regeln reduziert sich die Wahrscheinlichkeit von Mißverständnissen, wir finden uns leicht zurecht, sind orientiert. Diese Regeln sind also nicht willkürlich, sondern haben sich in unserer Gesellschaft im Laufe der Zeit als hilfreiche und vorteilhafte Lösung zu bestimmten Aufgaben entwickelt.

Unter Kultur versteht man ein System aus Normen und Regeln, das für eine Gesellschaft typisch ist und von deren Mitgliedern geteilt wird. Dieses System hat sich aus Anforderungen entwickelt, die sich dieser Gesellschaft stellen und gestellt haben. Kultur beeinflußt das Wahrnehmen, Denken, Werten und Handeln jedes einzelnen und schafft als Orientierungssystem den Rahmen für eine effektive individuelle Umweltbewältigung (nach Thomas 1996).

Um die typischen Bauteile einer Kultur erfassen, beschreiben und vermitteln zu können, wurde das Konzept der Kulturstandards entwickelt. Kulturstandards sind die von den in einer Kultur lebenden Menschen untereinander geteilten Maßstäbe zur Ausführung und Beurteilung von Verhaltensweisen. Kulturstandards sind also die zentralen Kennzeichen einer Kultur und bieten ihren Mitgliedern Orientierung für das eigene Verhalten. Sie ermöglichen zu entscheiden, welches Verhalten als normal, typisch und akzeptabel anzusehen und welches Verhalten abzulehnen ist.

Kulturstandards dürfen nicht als absolute Norm innerhalb einer Kultur verstanden werden, sondern es treten individuell verschiedene Interpretationen der Kulturstandards auf. Diese Schwankungen und Abweichungen werden in einem gewissen Rahmen von den Mitgliedern der Gesellschaft toleriert.

Warum ist interkulturelles Lernen notwendig und ein Trainingsprogramm hilfreich?

Regeln und Normen sind nicht überall auf der Welt gleich, sondern können sich von Land zu Land, von Region zu Region, ja selbst von Gruppe zu Gruppe unterschieden. Ebenso gelten bestimmte Regeln natürlich regionen- und länderübergreifend (z. B. ein Rock als weibliche Kleidung) oder fast überall auf der Welt (z. B. Geld als Zahlungsmittel).

Treffen nun Menschen verschiedener Kulturen zusammen, so werden sich deren Werte und Normen bis zu einem gewissen Grad überlappen, jedoch auch Unterschiede aufweisen. Unser Werte- und Normensystem wird im Kontakt zu Personen aus einer anderen Kultur zum Hemmnis: Der alltägliche, unbewußte Gebrauch unserer Regeln führt dazu, daß wir sie auch unwillkürlich im Kontakt mit Personen anwenden, die aus einer anderen Kultur stammen und auf ein anderes Werte- und Normensystem zurückgreifen.

Unsere gewohnten Verhaltensweisen werden von den anderen teilweise nicht oder falsch verstanden, wir begreifen manche Handlungen unseres Gegenübers nicht und bewerten sie nach unseren kulturell geprägten Vorstellungen. Das eigene Orientierungssystem aus Regeln und Normen ist für solch eine Konstellation unzulänglich, man greift jedoch unwillkürlich – und in Ermangelung eines anderen – immer wieder darauf zurück.

Ziel und Aufgabe des Trainingsprogramms ist es, Deutsche, die mit Briten beruflich zu tun haben, für kulturelle Unterschiede zu sensibilisieren, ihnen das Verstehen dieser Verschiedenheit zu erleichtern und Wege aufzuzeigen, wie sie überbrückt werden können. Das Trainingsprogramm will englische Kulturstandards vermitteln. Es soll helfen, die Zeit anfänglicher Irritationen im Umgang mit Geschäfts- und Gesprächspartner von der Insel möglichst kurz zu halten und den Aufbau eines Orientierungssystems zu fördern.

■ Hinweise für die Bearbeitung des Trainingsmaterials

Die Culture Assimilator-Trainingsmethode wurde in den USA entwickelt. Dieses Trainingsprogramm basiert jedoch auf deutschen Forschungsergebnissen. Es setzt sich aus einer Vielzahl an Situationen zusammen, die Mißverständnisse zwischen Deutschen und Briten illustrieren.

Das Trainingsprogramm ist für das individuelle Lernen konzipiert. Dem Lernenden werden zu jeder der dargestellten Situation vier unterschiedlich zutreffende Erklärungsmöglichkeiten (Deutungen) angeboten. Er soll nun jede dieser Alternativen dahingehend einschätzen, ob sie die Situation treffend erklärt. Anschließend erhält der Benutzer Rückmeldungen (Bedeutungen) zu den Erklärungen und kann feststellen, inwieweit seine Annahmen zutreffen. Zu bestimmten Situationen wird abschließend eine Handlungsalternative als Lösungsstrategie angeboten. Darüber hinaus werden verschiedene Situationen je nach zugrundeliegenden Werten und Normen zu einem Kulturstandard zusammengefaßt und abschließend in den gesamtkulturellen Zusammenhang gestellt (kulturelle Verankerung).

Das Programm besteht insgesamt aus acht Trainingsabschnitten, die ersten sieben vermitteln die Kulturstandards, im achten erfolgt eine Rekapitulation mit Situationen, die verschiedene Kulturstandards widerspiegeln. Die einzelnen Situationen und Trainingsabschnitte bauen aufeinander auf, so daß sich eine sukzessive Bearbeitung des Programms empfiehlt. Am Ende des Trainingsprogramms findet sich eine Übersicht der Kulturstandards und eine kommentierte Literaturliste zur englischen Kultur.

Wir wünschen Ihnen viel Spaß und Erfolg bei der Bearbeitung.

PLANNERER

Themenbereich 1: Selbstdisziplin

Beispiel 1: Nimm dir einen Keks

Situation

Frau Herwig lebte seit einem halben Jahr in England und hatte nun englische Freunde zu sich eingeladen. Sie stellte für ihre Gäste eine Schale mit Keksen auf den Tisch, bemerkte jedoch nach einer Weile, daß sich niemand bediente. Sie forderte also ihre Freunde auf, ruhig zuzugreifen, was diese dann auch taten. Allerdings stand die Schale mit den Keksen bald darauf wieder unbeachtet auf dem Tisch. Erneut forderte Frau Herwig ihre Gäste auf, doch von den Keksen zu nehmen, was diese nun wiederum taten.

Warum bedurfte es immer wieder einer erneuten Aufforderung? Ihre Freunde in Deutschland bedienten sich doch auch selbst.

- Lesen Sie nun die Antwortalternativen nacheinander durch.
- Bestimmen Sie den Erklärungswert jeder Antwortalternative für die gegebene Situation und kreuzen Sie ihn auf der darunter befindlichen Skala entsprechend an. Es ist möglich, daß mehrere Antwortalternativen den gleichen Erklärungswert besitzen.

Deutungen

a) Ihre englischen Freunde fänden es unhöflich, sich einfach gehenzulassen und sich bei den Keksen zu bedienen.

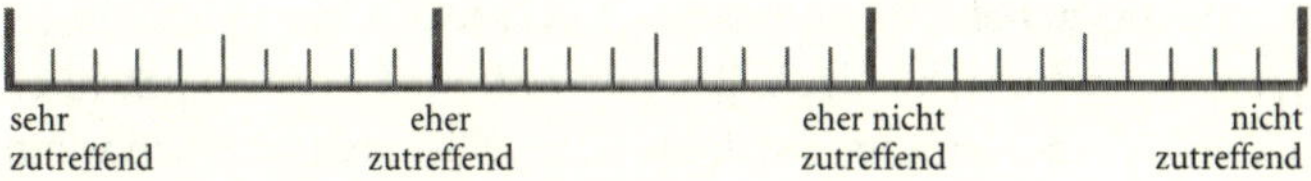

b) Kekse werden in England nur zum Tee gegessen und nicht zu anderen Tageszeiten. Frau Herwigs Freunde sind zu wohlerzogen, ihr dies zu sagen.

sehr zutreffend	eher zutreffend	eher nicht zutreffend	nicht zutreffend

c) Die Freunde mögen die Kekse nicht, sind aber zu taktvoll, dies zu sagen.

sehr zutreffend	eher zutreffend	eher nicht zutreffend	nicht zutreffend

d) In Großbritannien gibt es kein Verständnis im Sinne von »fühle dich bei mir wie zu Hause«. Dort gilt eher »my home is my castle« und deswegen übt sich jeder Gast in größter Zurückhaltung.

sehr zutreffend	eher zutreffend	eher nicht zutreffend	nicht zutreffend

- Versuchen Sie, Ihre Einstufung jeder Antwortalternative zu begründen. Halten Sie die Begründung in schriftlicher Form stichpunktartig fest.
- Lesen Sie nun die Erläuterungen zu jeder Antwortalternative durch und vergleichen diese mit Ihren eigenen Begründungen.

■ Bedeutungen

Erläuterung zu a):
Es gehört zu der englischen Grundvorstellung von Höflichkeit, daß man die eigenen Bedürfnisse und Wünsche zu kontrollieren und verbergen vermag. Dahinter steht die Idee, sich selbst nicht so wichtig zu nehmen und dadurch eventuell andere nicht unfairerweise zu benachteiligen. Briten empfinden es also tatsächlich als unhöflich, wenn man sich als Gast selbst bedient, auch wenn

man dazu vom Gastgeber schon einmal aufgefordert wurde. Es wird erwartet, daß der Gastgeber immer wieder dazu auffordert. Wenn man gar zu einem richtigen »dinner« geladen ist, so hat man dann selbstverständlich mit dem Nachschlag darauf zu warten, bis der Gastgeber diesen anbietet und austeilt.

Erläuterung zu b):
Biscuits oder cookies werden hauptsächlich zum Tee gegessen, aber nicht ausschließlich. Die Vorlieben sind durchaus individuell verschieden und keine kulturelle Norm »verbietet« das Verspeisen von Keksen zu anderen Gelegenheiten.

Erläuterung zu c):
Diese Erklärung ist nicht völlig abwegig, denn es ist natürlich möglich, daß Frau Herwig bei der Auswahl der Kekse eine unglückliche Hand hatte und ihre englischen Gäste sie nun nicht bloßstellen wollten. Die Häufung vergleichbarer Situationen im deutsch-englischen Kontakt läßt jedoch eine andere Erklärung (als deutsche Unkenntnis über englische Keks-Vorlieben) wahrscheinlicher erscheinen.

Erläuterung zu d):
Die besondere Bedeutung der Privatsphäre und damit auch des eigenen Wohnraums teilen die Briten weitgehend mit den Deutschen. Die Tatsache, daß sie als Gäste eine noch größere Zurückhaltung an den Tag legen als dies in Deutschland der Fall wäre, muß also andere Ursachen haben.

■ Beispiel 2: Geburtstagswünsche

■ Situation

Frau Mühle war nun schon mehrere Monate mit ihrem englischen Freund Gavin zusammen. Sie hatte inzwischen seine Eltern kennengelernt und verstand sich auch auf Anhieb gut mit ihnen. Bei ihren Besuchen in Gavins Familie wurde sie stets ausgesprochen freundlich aufgenommen. Zweifel an der Aufrichtigkeit dieser Freundlichkeit kamen ihr, als sie zum Geburtstag eine Karte mit dem Aufdruck »Alles Gute« bekam, auf der nichts anderes stand als die Unterschriften der Gratulanten.

Warum hatte sich die Familie nicht wenigstens ein bißchen mehr Mühe gegeben?

- Lesen Sie nun die Antwortalternativen nacheinander durch.
- Bestimmen Sie den Erklärungswert jeder Antwortalternative für die gegebene Situation und kreuzen Sie ihn auf der darunter befindlichen Skala entsprechend an. Es ist möglich, daß mehrere Antwortalternativen den gleichen Erklärungswert besitzen.

■ Deutungen

a) Dies könnte ein unterschwelliges Zeichen dafür sein, daß die Eltern die Verbindung zwischen Frau Mühle und ihrem Sohn nicht billigen.

sehr zutreffend	eher zutreffend	eher nicht zutreffend	nicht zutreffend

b) Deutsche werden in England als sehr distanziert wahrgenommen; dem wollten sich die Eltern anpassen.

sehr zutreffend	eher zutreffend	eher nicht zutreffend	nicht zutreffend

c) Glückwunschkarten haben in England nur diesen formalen Charakter.

sehr zutreffend	eher zutreffend	eher nicht zutreffend	nicht zutreffend

d) Zusätzliche Glückwünsche wären den Eltern einfach zu überschwenglich gewesen.

sehr zutreffend	eher zutreffend	eher nicht zutreffend	nicht zutreffend

- Versuchen Sie, Ihre Einstufung jeder Antwortalternative zu begründen. Halten Sie die Begründung in schriftlicher Form stichpunktartig fest.
- Lesen Sie nun die Erläuterungen zu jeder Antwortalternative durch und vergleichen diese mit Ihren eigenen Begründungen.

Bedeutungen

Erläuterung zu a):
Es kann in diesem Fall nicht völlig ausgeschlossen werden, daß die Eltern Frau Mühle auf indirekte Weise zu verstehen geben wollten, daß sie über die Liaison mit ihrem Sohn nicht glücklich sind. Dagegen spricht aber, daß Frau Mühle sonst nie Ablehnung bemerkt hatte. Eine andere Antwort bietet eine wahrscheinlichere Erklärung.

Erläuterung zu b):
In England stößt man tatsächlich hin und wieder auf die Vorstellung, daß Deutsche besonders ernst und vielleicht auch etwas steif sind. Dieses Stereotyp hat allerdings auf die vorliegende Situation keinen Einfluß, denn die Eltern von Frau Mühles englischem Freund hätten eine Karte genau in diesem Stil auch an eine Engländerin geschrieben.

Erläuterung zu c):
Allem Anschein nach hat Frau Mühle noch kein Weihnachten in England erlebt, denn zu diesem Anlaß werden wahre Massen solcher Karten verschickt, sei es an Verwandte, Freunde oder gar Nachbarn, mit denen man sonst nicht viel zu schaffen hat. Hocherfreut ist man dann, wenn man selbst möglichst viele dieser Gruß- und Glückwunschkarten erhält, die teilweise nicht einmal unterschrieben sind. Es trifft den Sachverhalt jedoch nicht ganz, wenn man davon ausgeht, daß die Karten nur formalen Charakter besitzen. »It is the thought which comes« – der Gedanke zählt, und dieser ist auch an einer vorgedruckten Postkarte zu erkennen. Diese Antwort klärt allerdings nicht, warum die Engländer

bei Personen, die sie besser kennen, nicht noch ein paar persönliche Worte anfügen.

Erläuterung zu d):
Frau Mühles große Enttäuschung rührt daher, daß sich die Eltern ihrer Meinung nach nicht die Zeit genommen haben, ein paar persönliche Wünsche auf die Karte zu schreiben. Den Eltern ging es darum, Frau Mühle zu zeigen, daß sie an ihren Geburtstag gedacht haben. Darüber hinausgehende Glück- und Segenswünsche fänden gerade Briten der älteren Generation zu überschwenglich und pathetisch. Über diese Konstellation hinausgehend ist in England insgesamt eine größere Zurückhaltung beim emotionalen Ausdruck zu erleben, wenn es sich um starke Gefühle wie Zuneigung, Ärger oder Ablehnung handelt.

Beispiel 3: Der Feueralarm

Situation

Frau Rapp war in England vor einer Woche in das Gästehaus der Universität Royal Holloway eingezogen, da sie dort ihre Dozentenstelle angetreten und noch keine Wohnung gefunden hatte. Nun stand sie schon zum zweiten Mal morgens um 5.00 Uhr im Schlafanzug vor dem Haus. Der Grund: falscher Feueralarm. Als dies in den nächsten Wochen häufiger vorkam, wurde sie in zunehmend wütend und suchte Unterstützung bei ihren englischen Mitbewohnern. Sie wollte sich beschweren und andere Rauchmelder fordern. Doch die Briten schienen sich nicht so zu ärgern, und sie fand kaum Zustimmung, eher Gleichgültigkeit. Ihr war das ein Rätsel und allen anderen Deutschen auch!

Wie konnten die Briten so gelassen bleiben?

- Lesen Sie nun die Antwortalternativen nacheinander durch.
- Bestimmen Sie den Erklärungswert jeder Antwortalternative für die gegebene Situation und kreuzen Sie ihn auf der darunter

befindlichen Skala entsprechend an. Es ist möglich, daß mehrere Antwortalternativen den gleichen Erklärungswert besitzen.

■ Deutungen

a) Die Briten wußten besser Bescheid über die Hintergründe der Alarme und sahen daher keinen Grund, sich aufzuregen.

sehr zutreffend	eher zutreffend	eher nicht zutreffend	nicht zutreffend

b) Solche Übungen sind auch in Betrieben und Schulen sehr häufig; aus diesem Grund sind Briten an solche Störungen gewöhnt.

sehr zutreffend	eher zutreffend	eher nicht zutreffend	nicht zutreffend

c) Aus Loyalität wird nicht an solchen Maßnahmen der Universität herumgemeckert.

sehr zutreffend	eher zutreffend	eher nicht zutreffend	nicht zutreffend

d) Ob die englischen Mitbewohner gelassen waren, ist eine andere Frage, aber zu zeigen, daß sie dieser Alarm aus der Fassung bringt, fänden sie schon etwas peinlich.

sehr zutreffend	eher zutreffend	eher nicht zutreffend	nicht zutreffend

- Versuchen Sie, Ihre Einstufung jeder Antwortalternative zu begründen. Halten Sie die Begründung in schriftlicher Form stichpunktartig fest.
- Lesen Sie nun die Erläuterungen zu jeder Antwortalternative durch und vergleichen diese mit Ihren eigenen Begründungen.

■ Bedeutungen

Erläuterung zu a):
Was die Briten der Deutschen an Wissen voraus hatten ist, daß ein beliebter Streich in britischen Studentenwohnheimen das Auslösen des Feueralarms ist – möglichst zu nachtschlafender Stunde versteht sich. Jedoch das Wissen darum hätte wohl kaum genügt, um die um ihren Schlaf gebrachte Deutsche zu beruhigen – warum also blieben die Briten so gelassen? Eine andere Erklärung gibt mehr Aufschluß darüber.

Erläuterung zu b):
In Großbritannien gilt eine außerordentlich strenge Brandschutzverordnung, die wesentlich strengere Auflagen für öffentliche Gebäude, aber auch Privathäuser bedingt: Häufige Übungen, Möbel aus nicht-brennbarem Material, Rauchmelder allerorten sind nur ein paar der Auswirkungen dieser Gesetze. Diese Vorschriften sind nicht von oben erlassen worden, sondern spiegeln auch das größere Bewußtsein der Bevölkerung für diese Thematik wider. Woher diese Verordnungen und die Furcht vor Bränden herrührt, kann nur vermutet werden, aber es ist nicht unwahrscheinlich, daß sie auf das vollständige Abbrennen Londons im siebzehnten Jahrhundert zurück gehen. Kurzum, die englischen Studenten sind eher an solche Übungen gewöhnt und sehen deren Notwendigkeit auch stärker als Deutsche. Reicht dies jedoch um ihre Gelassenheit selbst bei der Häufung der Alarme zu erklären? Eine andere Antwort beleuchtet diese Situation umfassender.

Erläuterung zu c):
Die englischen Studenten fühlen sich ihrer Universität wesentlicher stärker verbunden als dies in Deutschland der Fall ist. Es handelt sich aber hierbei nicht um eine blinde Loyalität, die jegliche Maßnahmen der Administration akzeptiert. Diese Erklärung trifft den Kern der Situation nicht.

Erläuterung zu d):
Starke Emotionen in der Öffentlichkeit zu zeigen, wird in England häufig als peinlich empfunden. Es wird viel mehr geschätzt,

auf prinzipiell ärgerliche Situationen mit Gelassenheit, wenn möglich mit Humor zu reagieren und das Beste daraus zu machen. Selbst in unangenehmsten Situationen wird versucht, die Haltung zu bewahren. In diesem Fall bedeutet das, man nutzt die Gelegenheit, um ein Schwätzchen mit seinen Mitbewohnern zu halten. Schwierig ist es einzuschätzen, ob die Engländer in dieser Situation nun tatsächlich gelassen bleiben, oder ob ihr Ärger nur verborgen bleibt. Im allgemeinen ist die Toleranz gegenüber unvorhergesehenen und frustrierenden Ereignissen in England deutlich größer als in Deutschland.

■ Beispiel 4: Royal Opera

■ Situation

Frau Hartmann wollte in London die Oper besuchen. Da es sich um ein mit bekannten Sängern besetztes, populäres Stück handelte, ging sie zusammen mit ihren deutschen Freunden schon zwei Stunden vor Beginn hin, um noch die letzten Eintrittskarten zu ergattern. Seltsamerweise stand auf dem Platz vor der Oper einfach eine Menschenschlange. Die Leute stellten sich also aus irgendeinem Grund nicht vor dem noch geschlossenen Verkaufsschalter an, sondern mitten auf dem Platz. Frau Hartmann und ihre Freunde stellten sich an einem Ende der Schlange an, waren jedoch nicht ganz sicher, ob es nun deren Anfang oder das Ende war. Die Ausrichtung der Reihe war einfach nicht zu erkennen. Aber da sich niemand beschwerte, gingen Frau Hartmann und ihre Freunde davon aus, daß alles seine Richtigkeit hatte. Nach einer halben Stunde fiel ihnen auf, daß sich niemand hinter ihnen anstellte und da entdeckten sie auch das Schild »die Schlange beginnt hier« (»the queue starts here«).

Völlig verärgert marschierte die Gruppe an das richtige Ende und fragte sich, warum sie niemand darauf hingewiesen hatte, daß sie sich »vorgedrängt« hatten?

- Lesen Sie nun die Antwortalternativen nacheinander durch.
- Bestimmen Sie den Erklärungswert jeder Antwortalternative

für die gegebene Situation und kreuzen Sie ihn auf der darunter befindlichen Skala entsprechend an. Es ist möglich, daß mehrere Antwortalternativen den gleichen Erklärungswert besitzen.

Deutungen

a) Jemanden auf einen Fehler hinzuweisen ist eine Einmischung in die Angelegenheiten des anderen; sogar dann, wenn es einen selbst betrifft, hält man sich wenn möglich zurück.

sehr zutreffend	eher zutreffend	eher nicht zutreffend	nicht zutreffend

b) Den Briten ist es einfach nicht so wichtig, wer in welcher Reihenfolge drankommt.

sehr zutreffend	eher zutreffend	eher nicht zutreffend	nicht zutreffend

c) Haltung zu bewahren und keine Szene zu machen, ist ein wichtiges Ideal in England.

sehr zutreffend	eher zutreffend	eher nicht zutreffend	nicht zutreffend

d) Die Briten hätten den Kassierer darauf hingewiesen, daß die Deutschen vorgedrängelt haben. Sie hätten sich nicht direkt mit ihnen auseinandergesetzt.

sehr zutreffend	eher zutreffend	eher nicht zutreffend	nicht zutreffend

- Versuchen Sie, Ihre Einstufung jeder Antwortalternative zu begründen. Halten Sie die Begründung in schriftlicher Form stichpunktartig fest.
- Lesen Sie nun die Erläuterungen zu jeder Antwortalternative durch und vergleichen diese mit Ihren eigenen Begründungen.

Bedeutungen

Erläuterung zu a):
Mit Kritik an dem Verhalten anderer Personen wird in England wesentlich vorsichtiger umgegangen als dies in Deutschland der Fall ist. Wenn sie geäußert wird, geschieht dies indirekt und unter Verwendung abschwächender und relativierender Formulierungen. Die Tatsache, daß in dieser Situation allerdings überhaupt kein Versuch unternommen wurde, die Deutschen auf ihren Fehler aufmerksam zu machen, deutet darauf hin, daß hauptsächlich eine andere kulturelle Norm wirksam war.

Erläuterung zu b):
Wenn man sich das Bild der diszipliniert in einer Schlange stehenden Menschen vor Augen hält, kann man sich vorstellen, daß die Einhaltung der Reihenfolge in England sehr wohl äußerst wichtig ist. Es hat nichts mit Gleichgültigkeit zu tun, daß die Briten nicht reagierten.

Erläuterung zu c):
Sehr wahrscheinlich ärgerte es die Briten, daß Frau Hartmann und ihre Freunde einfach an die Spitze der Menschenschlange marschiert sind. Die Tatsache, daß sich die Deutschen in ihrer Unwissenheit ganz selbstverständlich und ohne zu fragen vorn angestellt haben, wirkte auf die Engländer noch besonders unverschämt. In einer solchen Situation jedoch ärgerlich zu werden, wäre für Engländer ebenso peinlich wie das vermeintliche Vordrängeln der Deutschen. Man fängt doch nicht wegen ein paar Eintrittskarten ein Streiten an und blamiert sich dadurch, daß man die ganze Sache so wichtig nimmt. Hier ist es aus englischer Sicht viel angebrachter, Ruhe und Haltung zu bewahren. Vorstellbar wäre höchstens, die Deutschen zu fragen, ob sie sich nicht vielleicht an der falschen Seite angestellt haben (»I might be wrong, but I am afraid you might be queuing at the wrong side«).

Erläuterung zu d):
Es kann nicht ausgeschlossen werden, daß Frau Hartmann und ihre Freunde bei der Öffnung der Kasse doch noch darauf ange-

sprochen worden wären, daß sie am falsch Ende der Schlange stehen. Die Briten würden sich jedoch wohl kaum der »Autorität« des Kassierers bedienen, um die Deutschen zurechtzuweisen.

■ Beispiel 5: Die Diskussion

■ Situation

Herr Hess und seine englische Freundin waren privat bei Bekannten eingeladen. Im Laufe der Unterhaltung kam man auf die Gesundheitssysteme der beiden Länder zu sprechen. Da sein Gegenüber im National Health Service in der Verwaltung tätig war, wollte ihm Herr Hess die Vorzüge des deutschen Systems im Detail darlegen. Dabei bemühte er sich, seine Meinung zu verdeutlichen und den Gesprächspartner von den Vorteilen des deutschen Systems zu überzeugen. Er brachte eine Vielzahl an Argumente vor und versuchte, die Argumente des Engländers mit seinen Überlegungen zu entkräften. Herrn Hess irritierte, daß sich der Bekannte bei dem Gespräch sehr zurückhielt und fast etwas uninteressiert wirkte. Er erläuterte lediglich, wie die Dinge in England geregelt seien, ohne dies oder Herrn Hess' Ausführungen zu bewerten. Herr Hess engagierte sich immer mehr in der Debatte und versuchte, wirklich alle Aspekte anzusprechen, um seinen Gesprächspartner aus der Reserve zu locken. Er fühlte sich nicht besonders ernst genommen, denn sonst würde sein Gegenüber doch versuchen, ihn von seinem Standpunkt zu überzeugen. In einer kleinen Gesprächspause brachte seine Freundin das Gespräch auf ein völlig anderes Thema, das von dem Engländer sofort aufgegriffen wurde.

Warum war Herrn Hess' Freundin nach dem Abend sehr ärgerlich mit ihm?

- Lesen Sie nun die Antwortalternativen nacheinander durch.
- Bestimmen Sie den Erklärungswert jeder Antwortalternative für die gegebene Situation und kreuzen Sie ihn auf der darunter befindlichen Skala entsprechend an. Es ist möglich, daß mehrere Antwortalternativen den gleichen Erklärungswert besitzen.

Deutungen

a) Herr Hess war unhöflich, weil er nicht spürte, daß er auf einem Thema beharrt, das die anderen nicht interessiert.

sehr zutreffend	eher zutreffend	eher nicht zutreffend	nicht zutreffend

b) Nach Feierabend wird nicht mehr über die Arbeit gesprochen: Arbeit und Freizeit werden strikt getrennt.

sehr zutreffend	eher zutreffend	eher nicht zutreffend	nicht zutreffend

c) Man kritisiert nicht die Arbeit des anderen, dies kommt einem Angriff auf die Person gleich.

sehr zutreffend	eher zutreffend	eher nicht zutreffend	nicht zutreffend

d) Es ist rüpelhaft und anmaßend, daß Herr Hess den Bekannten unbedingt von seiner Meinung überzeugen will.

sehr zutreffend	eher zutreffend	eher nicht zutreffend	nicht zutreffend

e) Kritik an nationalen Einrichtungen wird einem in England leicht verübelt.

sehr zutreffend	eher zutreffend	eher nicht zutreffend	nicht zutreffend

- Versuchen Sie, Ihre Einstufung jeder Antwortalternative zu begründen. Halten Sie die Begründung in schriftlicher Form stichpunktartig fest.
- Lesen Sie nun die Erläuterungen zu jeder Antwortalternative durch und vergleichen diese mit Ihren eigenen Begründungen.

Bedeutungen

Erläuterung zu a):
Es war wohl weniger das Thema, das Herrn Hess' Freundin ärgerte, sondern vielmehr die Art der Gesprächsführung. Andere Antworten treffen die Problematik in der Situation besser.

Erläuterung zu b):
Arbeitsleben und Freizeit sind in England nicht so stark voneinander getrennt, wie dies in Deutschland der Fall ist. Vielmehr verbringt man auch nach der Arbeit viel Zeit mit den Kollegen. Ob dabei Arbeitsthemen tabuisiert sind, ist individuell verschieden. Deswegen ist kaum anzunehmen, daß Herrn Hess' Freundin aus diesem Grund verärgert ist.

Erläuterung zu c):
Es ist sehr schwierig zu verallgemeinern, ob sich Briten mit ihrer Arbeit stärker identifizieren als Deutsche dies tun. Die Diskussion zwischen Herrn Hess und seinem Gesprächspartner bezieht sich jedoch nicht konkret auf dessen Arbeit, sondern sie dreht sich mehr um die politischen Weichenstellungen im Gesundheitswesen. Deswegen ist es unwahrscheinlich, daß er sein Arbeit und damit seine Person kritisiert sieht.

Erläuterung zu d):
Der Diskussionsstil in England unterscheidet sich ganz deutlich von dem in Deutschland. Es wird weniger Wert darauf gelegt, Unterschiede zur Meinung anderer zu betonen, sondern es wird eine Integration der divergierenden Überzeugungen versucht. Es werden Vorzüge in den Argumenten der Gesprächspartner hervorgehoben und die eigenen Vorstellungen nur als ergänzende Überlegungen angeführt. Andere von seiner eigenen Ansicht überzeugen zu wollen, kann, wenn dies so engagiert versucht wird wie hier, von Briten als anmaßend aufgefaßt werden: Auf sie wirkt dies, als ob man glaube, man wisse alles besser und würde andere Ansichten nicht achten. Hier wird von Briten geschätzt, wer ruhig und zurückhaltend seine Meinung vorträgt, ohne diese zu wichtig zu nehmen. Diese Unterschiede haben sicher nicht zu-

letzt dazu beigetragen, daß in England das Vorurteil vom besserwisserischen Deutschen durchaus verbreitet ist.

Erläuterung zu e):
Engländer würden nur in seltenen Fällen hervorheben, daß sie stolz auf ihr Land sind. Trotzdem sollte man in der Tat vorsichtig sein, wenn man als Ausländer Kritik an England übt – insbesondere auf nicht-englische, also direkte Art und Weise. Dies wird einem häufig schneller übel genommen als in Deutschland, wo man mit Kritik an Regierung und Staat nicht spart. Der Hauptgrund, warum Herrn Hess' Freundin wütend ist, liegt jedoch woanders. Dieser Aspekt kommt nur erschwerend hinzu.

■ Kulturelle Verankerung von »Selbstdisziplin«

Der englische Kulturstandard, der den fünf vorangegangenen Geschichten zugrunde liegt, heißt *Selbstdisziplin.* »To keep a stiff upper lip« (wörtlich »eine steife Oberlippe bewahren«) ist die verkürzte Formel einer ungeschriebenen Norm, die in Großbritannien auch heutzutage noch weitverbreitete Gültigkeit hat: Sie verbietet das öffentliche Zeigen von starken Emotionen und Bedürfnissen, seien es nun Ärger, große Freude oder Ungeduld, die einen bewegen. Außenstehenden Einblick in die eigene Gefühlswelt zu gewähren wird vermieden und Gefühlsausbrüche anderer werden als peinlich empfunden. Vielmehr gilt es, stoisch Haltung zu bewahren. Mit dieser Verhaltensweise als bedeutsamem Wert für die Briten wird früher oder später jeder Besucher in Form einer disziplinierten Warteschlange an Bushaltestellen, in Supermärkten oder auf Bahnsteigen konfrontiert. Unmutsäußerungen über lange Wartezeiten sind dort ebenso selten wie Drängeln, weil man es besonders eilig hat.

Die sprichwörtliche »feine englische Art«, die sich für Gäste im Land zunächst ganz offensichtlich in der häufigen Verwendung von »Ps and Qs« (»please« and »thank you«) und »sorry« äußert, ist nicht zuletzt ein Verdienst der Selbstdisziplin: Man würde sich nie so weit gehen lassen und seinen Ärger darüber, daß man angerempelt wurde, offen zeigen – nein, man entschuldigt sich sogar noch selbst dafür, daß man im Weg stand. Dem muß allerdings noch angefügt werden, daß Engländer aufgrund ihrer größeren Toleranz gegenüber Ambiguitäten und unerwarteten Situationen seltener als Deutsche Anlaß finden, sich zu beklagen.

Diese Haltung wirkt sich auch auf das Darstellen eigener Leistungen und Fähigkeiten aus. Ist man in Deutschland stolz auf das, was man vollbracht hat und zeigt auch gern sein eigenes Wissen, so ist in England auch hier Zurückhaltung angebracht. Man will sich selbst nicht in den Vordergrund drängen und die eigene Person zu wichtig nehmen. Das Distanzieren und Herunterspielen von persönlichen Errungenschaften ist in Großbritannien wesentlich angesehener als eine »Mentalität der hochgekrempelten Ärmel«. Man glänzt eher durch das, was man unterläßt, als durch das, was man tut.

Verstößt man gegen dieses Merkmal des Kulturstandards »Selbstdisziplin«, wird man leicht als besserwisserisch, arrogant und eingebildet eingeschätzt. Zieht man also die Gegensätze der englischen Haltungsethik und der deutschen Leistungsethik in Betracht, so ist es verständlich, wie das weit verbreitete Stereotyp des »besserwisserischen Deutschen« entstanden ist und genährt wird.

Das als Kulturstandard *Selbstdisziplin* interpretierte Verhalten der Briten prägt allerdings ebenso stark Stereotype von den Bewohnern der Insel. »Kühl, distanziert und unbeteiligt« sind häufig genannt Attribute, die Deutsche Engländern zuschreiben und die auf diesem Unterschied im Zeigen von Emotionen beruhen.

Die Suche nach dem Ursprung dieser Werthaltung in England führt zu dem Idealbild des Gentleman, das erstmals Ende des Mittelalters auftaucht. Damals nur für die adelige Oberschicht verbindlich, wurde es durch Annäherung von Mittelschicht und Adel in den folgenden Jahrhunderten für eine immer breitere Bevölkerungsschicht zum Maßstab der Erziehung ihrer Kinder: Höflichkeit, Selbstbeherrschung, Bescheidenheit und Frömmigkeit repräsentierten geschätzte Werte.

Eine Institutionalisierung dieser Ideale erfolgte in der zweiten Hälfte des letzten Jahrhunderts in den Privatschulen, den sogenannten Public Schools. Hier wurden die Kinder der Mittel- und Oberschicht ausgebildet mit der betonten Absicht der »Charakterbildung« – und darunter wurde weniger die Vermittlung intellektuellen Wissens verstanden, sondern es erfolgte eine starke Orientierung am Gentleman-Ideal. Nicht zuletzt galt es als Ziel, die Elite des Landes für die Verwaltung und Beherrschung eines Weltreiches heranzubilden. Eine besondere Bedeutung kam dabei natürlich auch der Entwicklung einer starken Selbstdisziplin zu.

Die staatliche Schulen wurden von dieser Ausrichtung der Bildungseinrichtungen des Adels und der Mittelschicht ebenfalls beeinflußt, und so gewannen diese Werte für breite Bevölkerungsschichten zunehmend an Bedeutung. In England wird dieser Kulturstandard sehr häufig in Zusammenhang mit der gelungenen Überwindung alltäglicher Erschwernisse zitiert.

Ergänzend ist anzufügen, daß sich dieser Kulturstandard etwas auf dem Rückzug zu befinden scheint. Der Tod der Prinzessin von Wales und die durch die Medien mitinduzierten hysterischen Trauerreaktionen haben in England kontroverse Debatten zur Bedeutung der Selbstdisziplin für die »britische Identität« ausgelöst.

Die Gültigkeit dieses Kulturstands ist heutzutage in gewissem Maße regional bedingt und von der Schichtzugehörigkeit abhängig. In Nordengland und bei Personen aus einem working class-Hintergrund fallen die Unterschiede zu deutschen Verhaltensnormen teilweise geringer aus. In Südengland und bei Angehörigen der Mittel- und Oberschicht ist dieser Kulturstandard nach wie vor sehr wirksam, auch wenn selbst hier gerade bei jüngeren Menschen immer wieder Ausnahmen beobachtet werden können.

PLANNERER
Sorry
but
no longer
good bye.

Themenbereich 2: Indirektheit interpersonaler Kommunikation

Beispiel 6: Wohin mit den Gästen?

Situation

Herrn Wanns englischer Freund, Herr Turner, bekam Besuch von Freunden, konnte in seinem kleinen Apartment aber nicht allen Gästen einen Schlafplatz anbieten. Er berichtete Herrn Wann von diesem Problem und erklärte immer wieder, wie schwierig und problematisch es doch sei, seine Freunde unterzubringen. Herr Wann bemerkte, daß von ihm erwartet wurde, selbst vorzuschlagen, ein paar dieser Gäste in seiner Wohnung aufzunehmen. Er hatte aber keine rechte Lust dazu, da er die Gäste nicht kannte und außerdem fand er, daß ihn sein Freund auch ruhig direkt danach fragen könnte. Als nach geraumer Zeit immer noch über das Thema geredet wurde, jedoch ohne direkte Anfrage, bot sich Herr Wann doch selbst an. »Willst du, daß einer bei mir schläft?« – »Ja, wenn das möglich wäre, das wäre wirklich eine große Hilfe«, kam die erleichterte Antwort, und Herr Wann verstand einfach nicht, warum ihn sein Freund nicht von sich aus fragen wollte.

Können Sie sich das Verhalten erklären?

- Lesen Sie nun die Antwortalternativen nacheinander durch.
- Bestimmen Sie den Erklärungswert jeder Antwortalternative für die gegebene Situation und kreuzen Sie ihn auf der darunter befindlichen Skala entsprechend an. Es ist möglich, daß mehrere Antwortalternativen den gleichen Erklärungswert besitzen.

Deutungen

a) Herr Turner hatte erfahren, daß in Deutschland Gastfreundschaft nicht den gleichen Stellenwert einnimmt wie auf der Insel und traute sich deswegen nicht, direkt zu fragen.

sehr zutreffend	eher zutreffend	eher nicht zutreffend	nicht zutreffend

b) Deutsche wirken auf Briten immer etwas forsch und ruppig, so auch auf Herr Turner, der es nicht wagte, Herrn Wann um einen Gefallen zu bitten.

sehr zutreffend	eher zutreffend	eher nicht zutreffend	nicht zutreffend

c) Einen Deutschen um etwas zu bitten, kann manchem Briten schwer über die Lippen kommen, selbst wenn man sich schon besser kennt.

sehr zutreffend	eher zutreffend	eher nicht zutreffend	nicht zutreffend

d) Eine direkte Anfrage wäre zu aufdringlich und ein Eindringen in die Privatsphäre des Deutschen gewesen.

sehr zutreffend	eher zutreffend	eher nicht zutreffend	nicht zutreffend

- Versuchen Sie, Ihre Einstufung jeder Antwortalternative zu begründen. Halten Sie die Begründung in schriftlicher Form stichpunktartig fest.
- Lesen Sie nun die Erläuterungen zu jeder Antwortalternative durch und vergleichen diese mit Ihren eigenen Begründungen.

Bedeutungen

Erläuterung zu a):
Es ist durchaus richtig, daß Deutsche Briten häufig gastfreundlicher als ihre Landsleute empfinden. Dies liegt hauptsächlich daran, daß auf der Insel schneller der Kontakt zu Fremden hergestellt wird und dabei auch eher (nicht immer wörtlich zu nehmende) Einladungen ausgesprochen werden. Jedoch haben die Briten kaum konkrete Vorstellungen über das Maß der Gastfreundschaft in Deutschland. Deswegen ist es unwahrscheinlich, daß Herrn Turners Verhalten davon beeinflußt wurde.

Erläuterung zu b):
Deutsche Vorstellungen von Höflichkeit divergieren teilweise erheblich von den englischen, insbesondere was die Akzeptanz von deutlichen, direkten Aussagen betrifft. Auf der Basis dieses Unterschieds ist es allerdings den Deutschen nicht gelungen, sich in England einen Ruf als gefürchtete Rohlinge zu erarbeiten. Dem steht außerdem entgegen, daß in England bestimmte Bevölkerungsschichten, wie etwa Mitglieder der Arbeiterklasse, durchaus ein klares Wort zu schätzen wissen. Der Gegensatz fällt also nicht so deutlich aus, daß die Annahme gerechtfertigt wäre, Herr Turner traue sich nicht, einen Deutschen direkt um einen Gefallen zu bitten, weil er dessen Forschheit fürchte. Andere Erklärungen kommen dem Kern der Sache näher.

Erläuterung zu c):
Sicherlich hegen Briten einige negative Stereotype über Deutsche, und Deutschland rangiert in ihrer Beliebtheitsskala nicht an oberster Position. Vielleicht kann es sogar einigen wenigen Briten schwer über die Lippen kommen, einen Deutschen um etwas zu bitten. Dann ist es aber sehr wahrscheinlich, daß dieser Brite zur älteren Generation gehört und im Zweiten Weltkrieg sehr schlechte Erfahrungen mit Deutschen gemacht hat. Der überwältigende Teil der Bevölkerung hegt gegenüber Deutschen keine solch intensiven, negativen Gefühle, daß es für sie unvorstellbar wäre, eine Deutschen um Hilfe zu bitten, noch dazu, wenn sie, wie in Herrn Turners Fall, mit ihm befreundet sind.

Erläuterung zu d):
Die englische Art, um einen Gefallen zu bitten, fällt für den deutschen Geschmack oft sehr vage und unentschlossen aus, ja wird teilweise nicht einmal wahrgenommen. Herr Wann bemerkt hier recht gut das Anliegen seines englischen Freundes, orientiert sich aber an dem deutschen Grundsatz »wenn er etwas will, dann soll er es sagen«. Daß sein Freund aber genau dies nicht tut, liegt weder an dessen Furcht, noch an seiner Schüchternheit. Er versucht möglichst unaufdringlich, Herrn Wann sein Problem nahezubringen und läßt ihm mit seinen nebulösen Formulierungen viel Spielraum, ebenso vage anzudeuten, daß er die Gästen nicht aufnehmen wolle oder könne. Ein direkte Frage würde zu sehr Herr Wanns Privatangelegenheiten berühren und könnte von einem Briten unter Umständen als nötigend aufgefaßt werden. Leider kennt Herr Wann die Spielregeln nicht, so daß Herrn Turners Verhalten alles andere als unaufdringlich wirkt, während Herr Turner seinen deutschen Freund wohl als äußerst begriffsstutzig wahrnimmt. Diese Antwort stellt die zutreffendste Einschätzung von Herrn Turners Verhalten dar.

■ Lösungsstrategien

Wie hätten Sie sich an Herrn Wanns Stelle verhalten?

a) Ich würde mich mit Herr Turner über diesbezügliche kulturelle Unterschiede zwischen Deutschen und Engländern unterhalten.
b) Ich würde mich darüber freuen, daß Herr Turner nicht konkreter wird, denn so genügt es, wenn ich andeute, daß ich die Gäste nicht aufnehmen kann. Direkt abzusagen wäre mir zu unangenehm gewesen.
c) Ich würde meinen Freund nicht so lange zappeln lassen, sondern gleich fragen, auf was er denn hinaus wolle.

Erläuterung zu a):
Dieses Herangehen ist gerade bei einem Freund einen Versuch wert, da man auf diese Weise zukünftigen interkulturellen Mißverständnissen vorbeugen kann. Sie müssen sich dabei allerdings

bewußt sein, daß dies eine sehr deutsche Methode ist, Probleme anzupacken. Inwieweit Ihr Freund Interesse daran hat, dieses Problem theoretisch zu diskutieren ist fraglich und hängt sicher von der Anzahl der Fettnäpfchen ab, in die Sie bisher getreten sind. Unabhängig davon, wie ausführlich dieses Gespräch wird, schafft es auf jeden Fall die Grundlage, bei zukünftigen Mißverständnissen von beiden Seiten interkulturelle Unterschiede als mögliche Erklärung heranzuziehen. Nachteil an dieser Variante ist, daß Sie natürlich nicht mit jedem Briten, den sie treffen, zuerst ein Gespräch über deutsche und englische Normen führen können, um Komplikationen vorzubeugen. Eine Annäherung an die »rules of the game« auf der Insel ist wohl unvermeidlich.

Erläuterung zu b):
Das ist die Idee hinter dieser kulturellen Norm. Ob Sie die Gäste aufnehmen, ist ganz und gar Ihre Sache, und Ihr Freund möchte Sie nicht auf den Kopf zu fragen und Sie so unter Druck setzen. Wenn Ihre Absage nicht zu deutlich gerät, wäre das eine gelungene Anpassung an die englische Kultur. Ob es natürlich die feine englische Art ist, den Freund in der Patsche sitzen zu lassen, müssen Sie selbst entscheiden.

Erläuterung zu c):
Schön, daß Sie Ihren Freund nicht so lange im Unklaren lassen wollen. Allerdings ignorieren Sie mit diesem direkten Vorgehen weitgehend englische Verhaltensnormen und Werte und bringen Ihren Freund in eine nicht minder unangenehme Lage, wie Herr Wann es getan hat. Es würde Herrn Turner ziemlich widerstreben, seine Bitte geradeheraus zu formulieren, denn er empfände das als höchst aufdringlich. Auch in anderen Situationen würde es Sie wahrscheinlich weiterbringen zu erproben, ob Sie sich diese englischen Art der Kommunikation nicht doch mehr zu eigen machen sollten und ihr positive Seiten abgewinnen können.

Beispiel 7: Alles ist gut?!

Situation

Herr Jung arbeitete bereits ein halbes Jahr in England und hatte trotz seiner geringen Berufserfahrung gleich eine sehr verantwortungsvolle Position erlangt. Deswegen geriet er hin wieder noch ins Schwimmen, doch zu seiner Überraschung bekam er keine Kritik zu hören, sondern immer Zustimmung und Lob. Das verwunderte ihn doch sehr, weil er sich überhaupt nicht vorstellen konnte, daß er so gut war, und er von sich wußte, daß er Fehler gemacht hatte. Herr Jung war weitgehend auf sich gestellt und konstruktive Kritik von Seiten der Kollegen wäre in dieser Situation außerordentlich hilfreich für ihn gewesen. Aber das einzige, was er zu hören bekam, war: »Toll, super, das ist schon gut, prima.« Selbst wenn er gezielt nachfragte, ob das denn jetzt wirklich in Ordnung sei, wie er das gemacht habe. Irgendwie kam es ihm vor, als würde man ihn nicht erst nehmen.

Warum wollte ihm niemand helfen?

- Lesen Sie nun die Antwortalternativen nacheinander durch.
- Bestimmen Sie den Erklärungswert jeder Antwortalternative für die gegebene Situation und kreuzen Sie ihn auf der darunter befindlichen Skala entsprechend an. Es ist möglich, daß mehrere Antwortalternativen den gleichen Erklärungswert besitzen.

Deutungen

a) Neue Mitarbeiter erhalten in England immer eine Schonzeit von ungefähr einem halben Jahr zum Eingewöhnen. Deshalb wurde ihm so viel Freiraum gewährt.

sehr zutreffend	eher zutreffend	eher nicht zutreffend	nicht zutreffend

b) Herr Jung hat seine Sache für einen Ausländer überraschend gut gemacht. Deswegen wollte niemand kleinlich sein.

sehr zutreffend	eher zutreffend	eher nicht zutreffend	nicht zutreffend

c) Kritik hat in England etwas Anmaßendes und gilt als Einmischung. Da wird schon lieber das Positive hervorgehoben.

sehr zutreffend	eher zutreffend	eher nicht zutreffend	nicht zutreffend

d) Herrn Jung sind tatsächlich schon Hinweise und Hilfestellungen gegeben worden, die er allerdings nicht wahrgenommen hat.

sehr zutreffend	eher zutreffend	eher nicht zutreffend	nicht zutreffend

- Versuchen Sie, Ihre Einstufung jeder Antwortalternative zu begründen. Halten Sie die Begründung in schriftlicher Form stichpunktartig fest.
- Lesen Sie nun die Erläuterungen zu jeder Antwortalternative durch und vergleichen diese mit Ihren eigenen Begründungen.

■ Bedeutungen

Erläuterung zu a):
In Großbritannien werden ebenso wie in Deutschland einem neuen Mitarbeiter anfangs mehr Fehler zugestanden als einem langjährigen Mitarbeiter. Eine festgeschriebene Schonzeit, noch dazu von einem halben Jahr, gibt es allerdings nicht. Dies Erklärung trifft nicht zu.

Erläuterung zu b):
Man kann davon ausgehen, daß Herr Jung mit seiner neuen Arbeitsstelle recht gut klar kommt, denn auf drastische Fehler würden ihn seine Kollegen vorsichtig hinweisen. Außerdem ist es nicht abwegig anzunehmen, daß er als Ausländer anfangs einen

gewissen Bonus hat und man ihm Respekt dafür zollt, daß er sich in einem Land mit fremder Sprache zurechtfindet. Allerdings erklärt dies nicht vollständig, warum selbst auf Nachfragen keine Tipps oder Anregungen kommen.

Erläuterung zu c):
In Großbritannien wird mit negativer Kritik wesentlich vorsichtiger umgegangen als in Deutschland. Man versucht viel stärker durch Hervorheben des Positiven sein Gegenüber in dem zu bestärken, was er/sie wirklich gut macht. Auf Schwächen wird häufig durch ironische Bemerkungen oder durch Nicht-Loben hingewiesen. Herrn Jungs Verwirrung rührt daher, daß er dies von Deutschland genau umgekehrt gewohnt ist: Wenn jemand etwas gut macht, muß man dazu nicht viele Worte verlieren – auf Schwächen oder gar Fehler muß die betreffende Person hingegen natürlich aufmerksam gemacht werden. So verwundert es auch nicht, daß immer wieder Deutsche, die in England arbeiten, von für sie völlig überraschenden Kündigungen bei Kollegen, die Tage zuvor noch gelobt worden waren, berichten. Das Prinzip ist in beiden Ländern das gleiche – man äußert sich nur zu einer Seite der Medaille, während sich die andere automatisch daraus ergibt. Der Fokus ist allerdings deutlich verschieden: Beim Äußern von Kritik wird auf der Insel ein *personenbezogener* Kommunikationsstil gepflegt, indem man den Kritisierten aufbaut und sich nicht anmaßt, ihm direkt zu sagen, was er schlecht macht. Dies wird von Deutschen manchmal sogar als Schönrederei und Unaufrichtigkeit interpretiert. In Deutschland liegt der Fokus auf der *Sache*, die verbessert werden soll. Diese wird direkt angesprochen, was die meisten Deutschen so auch erwarten. Diese Form der direkten, sachbezogenen Kritik würde von einem Engländer als anmaßend, besserwisserisch und Einmischung in seine Angelegenheiten aufgefaßt. Diese Erklärung ist sehr wahrscheinlich.

Erläuterung zu d):
Als Deutscher muß man in Großbritannien manchmal genau hinhören, um Nuancen zu erfassen, die in Deutschland wesentlich deutlicher angesprochen würden. So ist auch die Gefahr groß, daß einem die eine oder andere spitze Bemerkung entgeht.

Jedoch können wir Herrn Jung schwerlich unterstellen, daß er selbst bei direkten Nachfragen an seine Kollegen nicht in der Lage war, in deren Stellungnahmen Kritikpunkte auszumachen. Es ist wahrscheinlicher, daß keine Fehler angesprochen wurden. Warum dies der Fall war, wird in einer anderen Rückmeldung erläutert.

■ Beispiel 8: Bist du krank?

■ Situation

Herr Marcis trat seine neue Stelle bei einer britischen Bank an. Es war Winter, und er trug an seiner Arbeitsstelle einen Anzug und darunter einen teuren Rollkragenpullover. Es fiel ihm zunächst auf, daß seine Kollegen, die alle jünger waren als er, in Anzug und Krawatte zum Dienst erschienen, obwohl es in der Abteilung gar keinen Kundenkontakt gab. Als er am nächsten Tag wieder – diesmal mit einem anderen – Rollkragenpullover kam, hörte er im Laufe des Tages von verschiedenen Seiten Bemerkungen: »Ist mit dir etwas nicht in Ordnung?« »Fühlst du dich krank?« »Gehst du heute auf eine Party?« »Ist dein Bügeleisen kaputt?« Herr Mareis lachte jedesmal und hielt die englischen Kollegen für sehr humorvoll. Manchmal konterte er, daß das eben die neueste Mode sei. Doch die Bemerkungen rissen nicht ab, bis er am vierten Tag – und da eher zufällig – auch Hemd und Krawatte trug.

Was hatten diese Bemerkungen zu bedeuten gehabt?

- Lesen Sie nun die Antwortalternativen nacheinander durch.
- Bestimmen Sie den Erklärungswert jeder Antwortalternative für die gegebene Situation und kreuzen Sie ihn auf der darunter befindlichen Skala entsprechend an. Es ist möglich, daß mehrere Antwortalternativen den gleichen Erklärungswert besitzen.

Deutungen

a) Die Kollegen machen sich über Herrn Mareis lustig, weil er für britische Verhältnisse nicht passend gekleidet ist.

sehr zutreffend	eher zutreffend	eher nicht zutreffend	nicht zutreffend

b) Witze sind in England ein wichtiges Mittel zur Integration neuer Gruppenmitglieder. Sobald dies geschehen ist, sinken humorvolle Bemerkungen wieder auf ein normales Maß ab.

sehr zutreffend	eher zutreffend	eher nicht zutreffend	nicht zutreffend

c) Es wäre eine zu starke Einmischung in Herrn Mareis' Angelegenheiten gewesen, wenn ihm die Kollegen direkt gesagt hätten, daß ein Rollkragenpullover keine angemessene Arbeitskleidung in einer englischen Bank ist.

sehr zutreffend	eher zutreffend	eher nicht zutreffend	nicht zutreffend

d) Ein besonders subtiler Versuch des Mobbings, der eingestellt wurde als Herr Mareis überhaupt nicht darauf reagierte.

sehr zutreffend	eher zutreffend	eher nicht zutreffend	nicht zutreffend

- Versuchen Sie, Ihre Einstufung jeder Antwortalternative zu begründen. Halten Sie die Begründung in schriftlicher Form stichpunktartig fest.
- Lesen Sie nun die Erläuterungen zu jeder Antwortalternative durch und vergleichen diese mit Ihren eigenen Begründungen.

■ Bedeutungen

Erläuterung zu a):

In England ist es üblich, daß man zur Arbeit in einer Bank Anzug und Krawatte trägt – wenn es nicht eine Firmenuniform gibt. So kann es durchaus sein, daß Herrn Mareis' Kleidungsstil und Unwissenheit seine englischen Kollegen anfangs etwas amüsiert hat. Die Hartnäckigkeit, mit der sie an diesem Thema festhielten, läßt allerdings vermuten, daß eine umfassende Erklärung für ihr Verhalten über diesen Punkt hinausgehen muß.

Erläuterung zu b):

Humor dient in England als Mittel zum Zweck für eine ganz Reihe von Zielen, sei es Kritik zu äußern oder eine unangenehme Situation zu entspannen. So ist nicht auszuschließen, daß er ebenso wie in Deutschland eine Rolle bei der Integration neuer Gruppenmitglieder spielt. In England kommt dieser Eingliederung am Arbeitsplatz eine große Bedeutung zu, denn die Sozialkontakte werden in der Freizeit sehr intensiv gepflegt. Um einen neuen Kollegen im Kreis aufzunehmen, gibt es in England allerdings wesentlich gängigere und effektivere Wege, die vor allem abends ins Pub führen. Die Spötteleien von Herrn Mareis' Kollegen dienten also in erster Linie einem anderen Zweck.

Erläuterung zu c):

Wie Sie sicher noch von der vorangegangenen Episode in Erinnerung haben, wird in England äußerst ungern offen Kritik geäußert und nur dann, wenn es unbedingt nötig ist. In den allermeisten englischen Banken gilt tatsächlich eine Kleiderordnung, die Anzug und Krawatte für alle Angestellten vorsieht, so daß Herr Mareis darauf hingewiesen werden mußte, daß er nicht angemessen gekleidet sei. Deutsche hätten Herr Mareis direkt darauf angesprochen, in England hingegen bedient man sich einer subtileren Methode und macht immer wieder Andeutungen, die für Deutsche sehr schwierig einzuordnen sind. Für Briten ist diese Konstellation eine Gratwanderung zwischen Einmischung in Herrn Mareis' Privatsphäre – er kann eigentlich anziehen, was er will – und der Notwendigkeit, bestimmte Regeln und Rituale einzuhalten. Diese Spannung wird, wie häufig in Großbritannien, mit Humor aufgelöst. Die Tatsache, daß Herr Mareis lange Zeit das Ziel der Bemerkungen nicht erkennt, stellt die Situation auf den Kopf, denn so müssen seine Kollegen recht hartnäckig mit ihren Späßen sein, um ihr Ziel zu erreichen.

Erläuterung zu d):
Der Text enthält keinerlei Anhaltspunkte, daß Herr Mareis die Atmosphäre am Arbeitsplatz als feindselig oder unangenehm empfunden hätte. Im Gegenteil: Herr Mareis scheint seine Kollegen sympathisch zu finden. Die kleinen Sticheleien als Mobbing einzuschätzen, wäre wohl übertrieben und steht der Intention der Kollegen entgegen.

■ Beispiel 9: Eine schöne Krawatte?

■ Situation

Herr Sprotte hatte in England seine Stelle bei einer Versicherung angetreten. Bei seiner Arbeit hatte er, wie alle Männer in der Firma, Anzug und Krawatte zu tragen. Dabei lebte er seine Vorliebe für auffällige, bunte Krawatten voll aus. Eines Tages spricht ihn überraschend der leitende Manager der Firma auf dem Flur gezielt auf seine Krawatte an: »Schöne Krawatte, Herr Sprotte!« Allerdings trug Herr Sprotte an diesem Tag ausnahmsweise nicht seinen bevorzugten Stil, sondern eine ganz biedere, sehr unauffällige Krawatte.

Herr Sprotte war völlig verunsichert und wußte nicht, wie diese Bemerkung zu verstehen war.

- Lesen Sie nun die Antwortalternativen nacheinander durch.
- Bestimmen Sie den Erklärungswert jeder Antwortalternative für die gegebene Situation und kreuzen Sie ihn auf der darunter befindlichen Skala entsprechend an. Es ist möglich, daß mehrere Antwortalternativen den gleichen Erklärungswert besitzen.

Deutungen

a) Herr Sprotte erlebt hier nur eine Form des Small talks – man unterhält sich über unwichtige Themen. Deswegen hat die Aussage gar nichts zu bedeuten.

sehr zutreffend	eher zutreffend	eher nicht zutreffend	nicht zutreffend

b) Der Manager will Herr Sprotte darauf hinweisen, daß die biedere Krawatte angebrachter ist für seine Position. Kritik an den bunten Krawatten wäre unhöflich.

sehr zutreffend	eher zutreffend	eher nicht zutreffend	nicht zutreffend

c) Der Vorgesetzte würde sich schon trauen, direkt zu sagen, daß Herr Sprotte unpassend gekleidet ist. Dem Manager gefällt die Krawatte einfach nur besser.

sehr zutreffend	eher zutreffend	eher nicht zutreffend	nicht zutreffend

d) Auf der Insel wird Individualität sehr geschätzt. Der Manager will Herrn Sprotte ermuntern, wieder seine bunten Krawatten zu tragen.

sehr zutreffend	eher zutreffend	eher nicht zutreffend	nicht zutreffend

- Versuchen Sie, Ihre Einstufung jeder Antwortalternative zu begründen. Halten Sie die Begründung in schriftlicher Form stichpunktartig fest.
- Lesen Sie nun die Erläuterungen zu jeder Antwortalternative durch und vergleichen diese mit Ihren eigenen Begründungen.

■ Bedeutungen

Erläuterung zu a):

Man kann es natürlich nicht völlig ausschließen, daß der Manager nur eine nette Bemerkung zu Herr Sprotte machen wollte. Man sollte allerdings sehr vorsichtig sein, die Vorstellung des Small talk-treibenden Briten auf alle Situationen anzuwenden, in denen Freundlichkeiten ausgetauscht werden. Wie aus den vorangegangenen Episoden hervorgeht, kann dies auch zum Überhören von durchaus Bedeutsamem führen. Der Zusammenhang, in dem sich Herr Sprotte befindet, macht es wahrscheinlich, daß ihm sein Chef mit der Bemerkung durchaus etwas mitteilen wollte.

Erläuterung zu b):

In Großbritannien ist es gerade im Banken- und Versicherungswesen üblich, daß man aus deutscher Sicht sehr konservative Kleidung trägt. Dies bedeutet bei Männern dunkle Anzüge mit dezenten Krawatten, bei Frauen Kostüm und auf keinen Fall Hosen. Mit bunten Sakkos oder Krawatten läuft man Gefahr, als Dandy oder als homosexuell eingestuft zu werde, während Hosen bei Frauen für unweiblich gehalten werden. Diese Episode ist ebenfalls ein Beispiel dafür, wie durch Unterstreichen des Positiven, der dezenteren Krawatte, indirekte Kritik an bunten Krawatten geübt wird. Der leitende Manager will Herrn Sprotte zu verstehen geben, daß die bisher getragenen Krawatten unpassend waren und versucht dies auf möglichst schonende und freundliche Weise zu tun. Diese Antwort erklärt das Verhalten des Managers am besten.

Erläuterung zu c):

Trauen würde sich der Manager sicherlich, Herrn Sprotte darauf hinzuweisen, daß konservativere Krawatten von ihm lieber gesehen werden. Allerdings wäre dies recht unhöflich und ruppig für britisches Verständnis, da sich auch elegantere Möglichkeiten bieten, Herrn Sprotte dazu zu bewegen, sich passend zu kleiden. Wie in den vorhergehenden Situationen schon angesprochen, wird direktes Maßregeln in England sehr ungern als Kommunikationsstil verwendet. Eine anderen Erklärung trifft die Situation besser.

Erläuterung zu d):
Individualität wird in Großbritannien in der Tat sehr weitgehend toleriert, in vielen Fällen sogar ganz besonders geschätzt. Nicht umsonst ist England als Land der Exzentriker bekannt. Jede Individualität hat jedoch auch dort ihre Grenzen, und die sind in Sachen Kleidung am Arbeitsplatz sehr eng gesetzt. Gerade in Banken und Versicherungen wird in dieser Hinsicht die Entfaltung eines eigenen Kleidungsstils überhaupt nicht gut geheißen. Deswegen ist es auszuschließen, daß der Manager Herrn Sprotte zum Tragen der auffälligen Krawatten ermuntern möchte.

■ Kulturelle Verankerung von »Indirektheit interpersonaler Kommunikation«

Der britische Kulturstandard, der den vier vorangegangenen Episoden zugrunde liegt, heißt *Indirektheit interpersonaler Kommunikation.* Zu den bedeutendsten und am meisten geschützten Werten in der britischen Gesellschaft gehören die Privatsphäre, die Freiheit des einzelnen und insbesondere die individuelle Meinungsfreiheit.

Dies zeigt sich in vielfältiger Weise im Verhalten: Die Privatsphäre des einzelnen – und dazu zählen auch dessen Meinung, Vorlieben oder selbst seine Arbeitsweise – sind seine Angelegenheit. Diesem Bereich nähert man sich als Fremder oder Bekannter vorsichtig und immer darauf bedacht, die eigenen Meinung nicht als die absolut richtige darzustellen. Auf der Insel gilt wesentlich ausgeprägter als in Deutschland, daß Freiheit vor allem auch die Freiheit ist, anders zu denken. Kritik wird nur sehr verhalten und indirekt geäußert und Vorschläge, Bitten und Anweisungen werden häufig in Umschreibungen zum Ausdruck gebracht – immer mit dem Hintergedanken, daß es nur die eigene Ansicht ist und das Gegenüber völlig anderer Ansicht sein könnte. Hier wird auch eine Verschränkung mit dem Kulturstandard

Selbstdisziplin deutlich: Sehr oft geht die Wahrung der Privatsphäre des anderen mit dem Zurückhalten eigener Ansichten Hand in Hand.

Mißverständnisse im deutsch-englischen Kontakt ergeben sich demzufolge vor allem beim Äußern unterschiedlicher Ansichten: Erscheint den Briten die bestimmtere und direktere Meinungsäußerung der Deutschen als aufdringlich, arrogant und fast als Nötigung zur Meinungsübernahme, so wirken umgekehrt Briten auf Deutsche uneindeutig, unentschlossen und schwammig in ihren Stellungnahmen.

Formulierungen wie »I am not quite sure, but ...«, »I might be wrong, but ...« oder einfach die häufige Verwendung des Konditionals sind jedoch nicht Ausdruck einer größeren Unsicherheit oder Unentschlossenheit auf Seiten der Briten. Sie dienen vielmehr dazu, dem Gegenüber nicht vor den Kopf zu stoßen und Achtung vor seiner Meinung zu signalisieren.

Überspitzt formuliert der Essayist Mikes diese Haltung: »It may be your personal view, that two and two make four, but you may not state it in a self-assured way, because this is a democratic country and others may be of different opinion.«

Zusammen mit dem Kulturstandard *Selbstdisziplin* bewirkt dies eine völlig andere Diskussionskultur als in Deutschland. In England wird die eigene Position nicht besonders betont und von anderen Meinungen kontrastrierend abgesetzt. Eine Stellungnahme beinhaltet vielmehr eine Wertschätzung bestimmter Aspekte des Vorredners (auch wenn sie manchmal verzweifelt gesucht werden müssen) – dann erst werden vorsichtig und ergänzend, mit Formulierungen ähnlich den oben genannten, die eigenen Ansichten angefügt. Ziel der Diskussion ist dabei weniger das Abstecken des Pro und Kontras, sondern die Integration unterschiedlicher Aspekte in einem Kompromiß.

Die Wurzeln des Kulturstandards *Indirektheit interpersonaler Kommunikation* lassen sich weit in der englischen Geschichte zurückverfolgen und sind tief im Bewußtsein der Briten verankert.

England gilt als die Wiege der Demokratie: 400 Jahre vor dem Kontinent wurde auf der Insel die Leibeigenschaft abgeschafft und bereits 1679 wurden in der Habeas-Corpus-Akte Grundrechte gewährt, die heute Bausteine jeder Demokratie sind. Auf diese Akte beruft man sich in England noch heute, wenn man glaubt, zu Unrecht von der Polizei in Haft gehalten zu werden.

In diesem Zusammenhang ein wichtiges und auch noch heute häufig zitiertes Schlagwort ist das des »freeborn Englishman«, welches die freiheitlichen Grundrechte betont, die die Briten mit ihrer Geburt erlang(t)en – eben ganz im Gegensatz zum Kontinent, wo diese annähernd nur in den Städten galten oder erst mühsam (wenn überhaupt) erlangt werden konnten.

Besonders starken Ausdruck findet die Bedeutung der Freiheit im 18. Jahrhundert in den Theorien von John Locke und Adam Smith, die das Wohl eines Staates und seiner Wirtschaft in direkte Verbindung mit dem Wohl und der freien Entfaltung des einzelnen setzen. Diese Theorien werden als Fundament der freien Marktwirtschaft und des Kapitalismus angesehen.

Der Kulturstandard *Indirektheit interpersonaler Kommunikation* ist nach wie vor weit verbreitet, wenn auch ähnliche regionale und schichtspezifische Einschränkungen gelten wie beim Kulturstandard *Selbstdisziplin.*

Offensichtlich spielt dieses Gedankengut auch in einigen der britischen Kolonien, wie den heutigen USA, Neuseeland oder Australien eine wesentliche Rolle, in denen die Bedeutung der individuellen Freiheit zu einem aus deutscher Sicht ähnlich indirekten Kommunikationsstil führte.

PLANNERER

Themenbereich 3: Ritualisierung

Beispiel 10: Der Kneipenjob

Situation

Um sich eine Wohnung im Zentrum Londons leisten zu können, vermietete Frau Huber ein Zimmer ihres Appartements an einen englischen Studenten (Andrew). Sie verstand sich sehr gut mit ihrem Untermieter und lernte über ihn andere Gegenden der Stadt kennen. Eines Nachmittags machte Andrew Anstalten, die Wohnung in dunklem Anzug und Krawatte zu verlassen. Frau Huber war überrascht, ihn in dieser Kleidung zu sehen und fragte ihn, wo er denn hingehe. »Ach, ich bewerbe mich für einen Job in dem Café um die Ecke«, war seine Antwort.

Frau Huber fragte sich, warum er sich für einen Job in einem normalen Café so in Schale warf?

- Lesen Sie nun die Antwortalternativen nacheinander durch.
- Bestimmen Sie den Erklärungswert jeder Antwortalternative für die gegebene Situation und kreuzen Sie ihn auf der darunter befindlichen Skala entsprechend an. Es ist möglich, daß mehrere Antwortalternativen den gleichen Erklärungswert besitzen.

Deutungen

a) Auch Bedienungen in einem Café müssen in England im Anzug arbeiten und deswegen sollte man zum Vorstellungsgespräch entsprechend gekleidet sein.

sehr zutreffend	eher zutreffend	eher nicht zutreffend	nicht zutreffend

b) In England wird dem einzelnen viel Freiraum zugestanden. Es gibt allerdings eine Reihe von Ritualen, die dies einschränken. Dazu gehören die Kleidervorschriften für Vorstellungsgespräche.

sehr zutreffend	eher zutreffend	eher nicht zutreffend	nicht zutreffend

c) Zurückhaltung gehört zu den englischen Tugenden, außer in Sachen Kleidung – nicht umsonst stammen die Begriffe »Dandy« und »Snob« aus dem Englischen.

sehr zutreffend	eher zutreffend	eher nicht zutreffend	nicht zutreffend

d) Der Mitbewohner kommt aus einer gehobeneren Schicht und dort wird ganz besonderen Wert auf eine gepflegte Erscheinung gelegt.

sehr zutreffend	eher zutreffend	eher nicht zutreffend	nicht zutreffend

- Versuchen Sie, Ihre Einstufung jeder Antwortalternative zu begründen. Halten Sie die Begründung in schriftlicher Form stichpunktartig fest.
- Lesen Sie nun die Erläuterungen zu jeder Antwortalternative durch und vergleichen diese mit Ihren eigenen Begründungen.

■ Bedeutungen

Erläuterung zu a):

Dies ist in England von Café zu Café und von Pub zu Pub verschieden. Zwar gelten dort häufiger Kleidervorschriften für die Angestellten (»suit and tie« oder eine spezielle Uniform) als in

Deutschland, aber in diesem Fall scheint dies nicht zuzutreffen, denn sonst wäre Frau Huber sicher nicht so überrascht. Es muß einen anderen Grund geben, warum Andrew diese Kleidung wählte.

Erläuterung zu b):
Von der Schulzeit an sind englische Frauen und Männer viel stärker als in Deutschland daran gewöhnt, Kostüm oder Anzug zu tragen. Dienen diese Schuluniformen noch ausdrücklich dem Verwischen von Klassenunterschieden, so erfolgt im Berufsleben eine gesellschaftliche Differenzierung zwischen white-collar-workers (Angestellte, Bürokräfte) und blue-collar-workers (Arbeiter, Handwerker) über die Kleidervorschriften. Diese gesellschaftliche Differenzierung wird für manche Bereiche des öffentlichen Lebens toleriert, ein Betonen der eigenen Person durch die Kleidung im öffentlichen Leben wird hingegen meist abgelehnt. Diese Kleidervorschriften spiegeln die englische Abneigung wider, sich in den Vordergrund zu stellen und von seinem Umfeld abzuheben. Allen Schichten gemein ist jedoch, daß für jegliche *interviews* (Vorstellungsgespräche) und offizielle Anlässe der *formal dress* gewählt wird. Dieser ist in England außerdem strenger festgelegt als in Deutschland. Männer tragen dunkle Anzüge mit unauffälligen Krawatten, Frauen Kostüme. Das Ignorieren dieser Kleidervorschriften reduziert bei einem Vorstellungsgespräch ganz drastisch die Chance, angestellt zu werden, selbst wenn man für deutsche Verhältnisse durchaus passend angezogen ist.

Erläuterung zu c):
Die Begriffe »Snob« und »Dandy« stammen zwar aus dem Englischen, werden jedoch für Personen gebraucht, die genau mit der Norm brechen, an die sich Andrew hält. Für einen Engländer ist der ein Dandy, der sich zwar teuer, aber bunt, auffällig und extravagant kleidet und damit von den konservativen Kleidervorschriften abweicht. Andrew ist aus englischer Sicht nicht im mindesten übertrieben angezogen. Dieser Eindruck entsteht nur durch die deutsche Perspektive und die Tatsache, daß es in Deutschland völlig unüblich ist, sich für einen Kneipenjob im Anzug zu bewerben.

Erläuterung zu d):
In Großbritannien ist in Kreisen der Mittel- und Oberschicht die Vorstellung von einer korrekten und angebrachten Bekleidung für bestimmte Situationen wesentlich genauer und enger definiert als dies in Deutschland der Fall ist. Deswegen gestaltet sich der Toleranzspielraum diesbezüglich kleiner, und so sollten Deutsche von Experimenten absehen, wollen sie negative Beurteilungen vermeiden. Allerdings ist dies für die vorliegende Situation von nebensächlicher Bedeutung, denn für ein Vorstellungsgespräch kleiden sich Briten schichtunabhängig in ihrem *formal dress.*

■ Beispiel 11: »Cheers!«

■ Situation

Herr Schnell hatte erst seit wenigen Tagen seine neue Stelle an der Universität angetreten. Deswegen fand er sich noch schwer zurecht und hatte es eines Morgens sehr eilig, um nicht zu spät zu einer Besprechung zu kommen. Da er noch kaum jemanden kannte, achtete er nicht besonders auf die Leute um ihn herum und marschierte zügig durch eine Schwingtür. Da hörte er, wie ihm eine Frau »Danke« (»Cheers!«) von hinten nachrief.

Wie sollte er diesen Ausruf verstehen?

- Lesen Sie nun die Antwortalternativen nacheinander durch.
- Bestimmen Sie den Erklärungswert jeder Antwortalternative für die gegebene Situation und kreuzen Sie ihn auf der darunter befindlichen Skala entsprechend an. Es ist möglich, daß mehrere Antwortalternativen den gleichen Erklärungswert besitzen.

■ Deutungen

a) In Großbritannien gilt: »Ladies first«, und die hatte Herr Schnell glatt übersehen.

sehr zutreffend	eher zutreffend	eher nicht zutreffend	nicht zutreffend

b) Eines der wichtigsten Höflichkeitsrituale neben »please« und »thank you« ist in Großbritannien, die Tür aufzuhalten.

sehr zutreffend	eher zutreffend	eher nicht zutreffend	nicht zutreffend

c) Der Universitätsbetrieb in England ist sehr von Hierarchien geprägt; deswegen hätte Herr Schnell eigentlich einer Dozentin die Tür aufhalten müssen.

sehr zutreffend	eher zutreffend	eher nicht zutreffend	nicht zutreffend

- Versuchen Sie, Ihre Einstufung jeder Antwortalternative zu begründen. Halten Sie die Begründung in schriftlicher Form stichpunktartig fest.
- Lesen Sie nun die Erläuterungen zu jeder Antwortalternative durch und vergleichen diese mit Ihren eigenen Begründungen.

■ Bedeutungen

Erläuterung zu a):
In traditionellen Mittelschichtkreisen besitzt die Regel »ladies first« noch stärkere Bedeutung als in Deutschland und äußert sich etwa im Aufhalten von Autotüren oder ähnlichem kavalierhaftem Verhalten. Dieses Verhalten ist jedoch nicht so weit verbreitet, daß man deswegen eine »ironische Rüge« erwarten dürfte. Diese Erklärung trifft den Kern des Problems nicht.

Erläuterung zu b):
Für Deutsche in Großbritannien ist es anfangs eine große Umstellung, sich bei jeder Tür umzuschauen, ob sich jemand hinter einem befindet, der ebenfalls durch diese Tür möchte. Dies wird

allerdings erwartet, denn für Briten ist es selbst in größter Eile selbstverständlich, anderen die Tür aufzuhalten. Hier handelt es sich um eines der vielen kleine Höflichkeitsrituale im britischen Alltag, die das Leben viel freundlicher machen, deren Mißachtung jedoch als äußerst unhöflich empfunden wird. Dazu zählt gleichermaßen, daß man auf versehentliches Anrempeln eiligst mit einem »sorry« reagiert – selbst wenn man der Gestoßene ist –, oder daß man sich mit einem gemurmelten »excuse me« und »sorry« einen Weg durch eine Menschenansammlung bahnt. In Großbritannien gilt lieber ein »sorry«, »please« oder »thank you« zu viel gesagt als zu wenig.

Erläuterung zu c):
In Großbritannien gestaltet sich der Universitätsbetrieb in bezug auf die Umgangsformen im Verhältnis zu den Dozenten sehr viel lockerer und entspannter als in Deutschland. Nein, damit hat dieser Ausruf nichts zu tun, der hätte auch von einem Studenten kommen können.

■ Beispiel 12: Die Verlobte

■ Situation

Herr Scholl lebt in England mit seiner britischen Freundin Sally zusammen. Sie sind verlobt und beabsichtigten, in nächster Zeit zu heiraten. Als sie gemeinsam nach Deutschland fahren, stellt er sie dort seinen Freunden als seine Freundin, »girlfriend«, vor. Am Abend kommt es deswegen zum Streit: »Warum hast du mich als deine Freundin und nicht als deine Verlobte vorgestellt? Schämst du dich meinetwegen?«

Herr Scholl versteht gar nicht, warum Sally sich so ärgert, sie weiß doch, daß er zu ihr steht.

- Lesen Sie nun die Antwortalternativen nacheinander durch.
- Bestimmen Sie den Erklärungswert jeder Antwortalternative für die gegebene Situation und kreuzen Sie ihn auf der darunter

befindlichen Skala entsprechend an. Es ist möglich, daß mehrere Antwortalternativen den gleichen Erklärungswert besitzen.

Deutungen

a) Ab einem gewissen Alter ist es in Großbritannien peinlich, als Freundin vorgestellt zu werden und nicht als Verlobte.

sehr zutreffend	eher zutreffend	eher nicht zutreffend	nicht zutreffend

b) Die Verlobung hat in Großbritannien einen höheren Stellenwert als in Deutschland.

sehr zutreffend	eher zutreffend	eher nicht zutreffend	nicht zutreffend

c) »Freundin« bedeutet in Großbritannien nicht viel mehr als gute Bekannte, und deswegen fühlt sich Sally zu recht zurückgesetzt.

sehr zutreffend	eher zutreffend	eher nicht zutreffend	nicht zutreffend

d) In England macht das einen Riesenunterschied, denn nur verlobte Paare dürfen sich öffentlich zueinander bekennen.

sehr zutreffend	eher zutreffend	eher nicht zutreffend	nicht zutreffend

– Versuchen Sie, Ihre Einstufung jeder Antwortalternative zu begründen. Halten Sie die Begründung in schriftlicher Form stichpunktartig fest.
– Lesen Sie nun die Erläuterungen zu jeder Antwortalternative durch und vergleichen diese mit Ihren eigenen Begründungen.

■ Bedeutungen

Erläuterung zu a):
Zwar wird in Großbritannien in der jüngeren Generation die Ehe häufiger als erstrebenswerte Lebensform angesehen als in Deutschland, was jedoch nicht mit sich bringt, daß man ab einem gewissen Alter auf dem Weg in den Stand der Ehe sein sollte, um nicht schief angesehen zu werden. Diese Antwort ist unzutreffend.

Erläuterung zu b):
68 % der englischer Studenten und 76 % der englischen Studentinnen äußerten 1988 in einer Umfrage den Wunsch, ihren Partner zu heiraten (in Deutschland 29 % der Studenten und 34 % der Studentinnen). Der deutliche Unterschied zu Deutschland zeigt die größere Relevanz, die die Ehe für jüngere Briten besitzt. Für die Verlobung als ersten Schritt in diese Richtung gilt dies in gleichem Maße. Die Bedeutung, die diesem Symbol zukommt, läßt sich damit erklären, daß Engländer weniger dazu neigen, Privatangelegenheiten, noch dazu so emotionale, in die Öffentlichkeit zu tragen. Durch die Verlobung wird dies erleichtert, weil es in einem festen Rahmen und in ritualisierter Form geschieht. Vor diesem Hintergrund ist es verständlich, daß Sally gekränkt ist, wenn ihr Freund die Verlobung sozusagen unterschlägt. In dieser Deutlichkeit dürfte die Situation allerdings nur bei Personen der Mittel- und Oberschicht zu erwarten sein.

Erläuterung zu c):
Im englischen Sprachgebrauch ist es in der Tat etwas unspezifisch und vage, wenn man seine Freundin als »girlfriend« vorstellt, denn dabei könnte es sich auch um eine gute Bekannte handeln. In aller Regel wird dieser Ausdruck aber schon so interpretiert, daß es sich um die eine, spezielle Freundin handelt. So beleuchtet diese Erklärung nicht vollständig den Hintergrund für Sallys Verhalten.

Erläuterung zu d):
Es richtig, daß junge Paare in England kaum Hand in Hand in der Öffentlichkeit zu sehen sind und dort auch selten Zärtlich-

keiten austauschen. Ebenso fallen die Bekenntnisse zueinander vor anderen eher unauffällig und bescheiden aus. Die englische Autorin eines »Knigges für Großbritannien«, erklärt dies damit, daß es peinlich wäre, Außenstehenden auf diese Weise zu zeigen, »was für eine großartige Beziehung« man hat. Diese Zurückhaltung ändert sich jedoch nicht mit der Verlobung und bewirkt auch absolut nicht, daß man sich vor der Verlobung nicht zu seinem Partner bekennen darf.

Kulturelle Verankerung von »Ritualisierung«

Der englische Kulturstandard, der den drei vorangegangenen Episoden zugrunde liegt, heißt *Ritualisierung* – ein sehr wichtiges Konzept in der britischen Gesellschaft. Scheint dies auf den ersten Blick nichts anderes zu sein als Konservatismus, so bedeuten die Vielzahl an Ritualen weit mehr als das Festhalten an traditionellen Werten. In einem Land, das sehr vom Individualismus seiner Bewohner geprägt ist, gewährleisten diese Formalien den Zusammenhalt und eine möglichst geringe Reibung in der Gesellschaft. Deutlich tritt dieser Kulturstandard im Rechts- und Staatswesen in Erscheinung. Bildet in Deutschland eine Verfassung nicht nur den rechtlichen, sondern auch den gesellschaftlichen Rahmen des Staates, so wollten sich die Briten nie auf eine Konstitution einlassen. Ihre Grundwerte sind mit althergebrachten Symbolen und Ritualen verknüpft, deren Abschaffung in den meisten Fällen einen Aufschrei der Entrüstung auslösen würde. Sie repräsentieren eine Verfassung, die nicht real als gesetztes Recht, sondern im Bewußtsein der Bevölkerung existiert. So ist ein weiterer wichtiger Aspekt dieses Kulturstandards die Gewährleistung der Kontinuität in der Gesellschaft durch den betonten Rückgriff auf Elemente aus der Geschichte des Landes.

Das prominenteste Beispiel hierfür ist die Königsfamilie, der trotz aller Querelen immer noch eine einflußreiche, integrierende Funktion zukommt, die über ihre tatsächliche politische Macht hinausgeht. Dazu zählen aber auch die Zeremonien bei der Eröffnung des Parlaments, die dessen Rang unterstreichen. Die Liste könnte beliebig verlängert werden, sei es um den *wool-*

sack (gefüllt mit Wolle aus allen Teilen des Königreichs) auf dem der Lordkanzler im Oberhaus präsidiert, die *mace* (Symbol der Autorität des Sprechers des Unterhauses) oder um die vielen Feierlichkeiten anläßlich historisch bedeutsamer Ereignisse (Trafalgar, V-Day).

Der Kulturstandard *Ritualisierung* äußert sich aber nicht nur auf staatlicher Ebene oder in Feierlichkeiten, sondern wird auch direkt im Leben jedes einzelnen Briten wirksam.

Zunächst zeigt er sich in der starken Identifikation der Briten mit Gruppen, denen sie angehören. Diese reicht von einem ausgeprägten Patriotismus über den Stolz auf die eigene Universität (Herkunftsfamilie, Schule, Betrieb) bis hin zur Zugehörigkeit zu bestimmten *societies* oder Clubs. Diese Form der emotionalen Bindung wirkt auf Deutsche sehr befremdlich, denn für sie stellt beispielsweise die Universität eine anonyme Einrichtung dar, mit der man sich kaum identifiziert und Nationalstolz wird leicht in der Nähe von Rechtsradikalismus gesehen.

So begegnen Deutsche immer wieder nationalen Symbolen wie dem Union Jack (durchaus auch in Studentenzimmern an der Wand zu finden) und sind versucht, deutsche Bewertungsmaßstäbe anzulegen, begegnen also den betreffenden Personen mit einer gewissen Skepsis. Für Briten ist dies jedoch ganz selbstverständlich, selbst Pop-Gruppen zeigen sich in entsprechender Kleidung oder benutzen Musikinstrumente, die der Union Jack ziert.

Eine besondere Art der Uniformierung sind die strikten *dress-codes*, ungeschriebene Kleiderordnungen, die für bestimmte Berufe gelten, die *white collar jobs* (wörtlich »Berufe mit weißem Kragen«). Sie können aber auch in gewissen Situationen wie bei Vorstellungsgesprächen oder in Restaurants bindend sein. Sie lassen überraschend wenig Spielraum und setzen der Individualität klare Grenzen: Mit dem Ziel der Integration in bestimmte Gruppen und um Klassenunterschiede zu verwischen (Beispiel Schuluniform), wird an diesen Kleiderordnung festgehalten.

Die Voraussetzungen für die Ausbildung des Kulturstandards *Ritualisierung* liegen weitgehend in der langen Kontinuität der englischen Geschichte und der Homogenität des Landes. So erfolgte im Jahre 1066 mit dem Normannen William the Conqueror die letzte Eroberung Englands, und dieser neue Herrscher war klug genug, die alten angelsächsischen Gesetze, das *common law**, weitgehend beizubehalten. Auf dieses Gewohnheitsrecht wird noch heute zurückgegriffen. Seit diesem Zeitpunkt gab es keine extremen Einschnitte mehr in die Gesellschaftsform, wie dies auf dem Kontinent etwa mit dem Dreißigjährigen Krieg erlebt wurde. Gerade in Deutschland wäre solch ein Rückgriff auf einigende, gemeinsame Rituale schwerlich möglich – es existieren kaum solche Symbole, da die Nation erst seit dem Ende des 19. Jahrhunderts besteht, und den Elementen aus den ersten 45 Jahren des letzten Jahrhunderts kann solch eine Rolle absolut nicht zukommen. Die Gemeinschaft kann sich also hier nicht durch die Kontinuität und gemeinhin akzeptierte Symbole aus der Vergangenheit des Landes definieren.

---

* Unter common law wird das lange Zeit mündlich überlieferte Gewohnheitsrecht in Großbritannien verstanden.

PLANNERER

Themenbereich 4: Pragmatismus

Beispiel 13: Die Putzfrau

Situation

Herr Dorsch entschied sich beim Antritt seiner Stelle in York in einem »shared flat« (Wohngemeinschaft) zu wohnen und war sehr froh, daß dies in England auch für ledige Erwerbstätige üblich war, denn dies erleichterte ihm das Einleben ganz wesentlich. Leider ergaben sich jedoch Probleme mit seinen Mitbewohnern, die sich überhaupt nicht um die Sauberkeit in der Küche zu scheren schienen. Als er einen von ihnen darauf ansprach, bekam er zu Antwort: »Wo ist dein Problem? Jeden zweiten Tag kommt doch unsere Putzfrau und räumt alles auf!« Von den anderen bekam er ganz ähnliche Reaktionen zu hören.

Herr Dorsch kam das ganze Verhalten unsozial vor und ihm war auch nicht klar, wie man so gleichgültig und unordentlich sein konnte.

- Lesen Sie nun die Antwortalternativen nacheinander durch.
- Bestimmen Sie den Erklärungswert jeder Antwortalternative für die gegebene Situation und kreuzen Sie ihn auf der darunter befindlichen Skala entsprechend an. Es ist möglich, daß mehrere Antwortalternativen den gleichen Erklärungswert besitzen.

Deutungen

a) Gerade in der Mittel- und Oberschicht ist man es in England eher gewohnt, daß eine Hausangestellte für solche Aufgaben zuständig ist und man deswegen selbst nichts machen muß.

sehr zutreffend — eher zutreffend — eher nicht zutreffend — nicht zutreffend

b) Die Mitbewohner waren beleidigt, daß er ihnen diese Arbeit zumuten wollte.

sehr zutreffend — eher zutreffend — eher nicht zutreffend — nicht zutreffend

c) Briten genügt es völlig, wenn die Küche so sauber ist, daß man sie halbwegs nutzen kann. Ordentlich aussehen muß es deswegen noch lange nicht

sehr zutreffend — eher zutreffend — eher nicht zutreffend — nicht zutreffend

d) Seine Mitbewohner wollten einfach keine Anweisungen von ihm entgegen nehmen.

sehr zutreffend — eher zutreffend — eher nicht zutreffend — nicht zutreffend

- Versuchen Sie, Ihre Einstufung jeder Antwortalternative zu begründen. Halten Sie die Begründung in schriftlicher Form stichpunktartig fest.
- Lesen Sie nun die Erläuterungen zu jeder Antwortalternative durch und vergleichen diese mit Ihren eigenen Begründungen.

Bedeutungen

Erläuterung zu a):

Diese Erklärung beruht stark auf dem Stereotyp der wohlhabenden adeligen englischen Familie mit Hausmädchen, dessen sich auch immer wieder die Medien bedienen. Diese Vereinfachung wird den tatsächlichen Verhältnissen in England überhaupt nicht gerecht, denn man kann davon ausgehen, daß nur die wenigsten Studenten aus ihrem Elternhaus an ein Dienstmädchen gewöhnt sind. Somit erklärt diese Antwort nicht das Verhalten der Mitbewohner.

Erläuterung zu b):
Diese Antwort geht davon aus, daß sich Briten, die studieren, »zu fein« sind, um in der Küche zu putzen. Ebenso wie die vorige Erklärung ist dies eine verzerrte Vorstellung von den Bewohnern der Insel, die eben nicht mehrheitlich aus Lords und Ladys besteht. Eine stärkere Differenzierung als in Deutschland scheint jedoch bei den Geschlechterrollen vorzuliegen, so daß manche Arbeiten etwa eher als »unmännlich« eingeschätzt werden. In dieser Situation kommt dies allerdings nicht zum Tragen.

Erläuterung zu c):
Sauberkeit besitzt in England bei weitem nicht den selben ideellen Wert wie in Deutschland. Man putzt und kehrt also nicht, damit etwas sauber und ordentlich aussieht, sondern um ein Funktionieren zu gewährleisten. Deswegen sehen Herrn Dorschs Mitbewohner keinen Grund, selbst etwas zur Sauberkeit in der Küche beizutragen. Ihnen genügt es, wenn die Küche benutzen werden kann, und dieser Standard wird von der Putzfrau aufrecht erhalten. Die Tatsache, daß es dann gelegentlich zwischen diesen Putzzeiten auch nicht so gut um die Sauberkeit in der Küche bestellt ist, wird nicht als problematisch angesehen. Man weiß ja: Spätestens am nächsten Tag bringt die Putzfrau dies in Ordnung, und sie wird ja schließlich dafür bezahlt.

Erläuterung zu d):
In Deutschland wäre es ebenfalls sehr unwahrscheinlich, daß gleichberechtigte Bewohner Anweisungen von Mitbewohnern ausführen. In der Situation sind jedoch keine Hinweise enthalten, daß sich Herr Dorsch gegenüber seinen Mitbewohnern im Ton vergreift. Die Probleme rühren vielmehr daher, daß für die Briten Sauberkeit nicht dieselbe Bedeutung besitzt wie für Herrn Dorsch.

Beispiel 14: Die Standpauke

Situation

Frau Mai belegte in England einen Kunstkurs, hauptsächlich aus privatem Interesse, ansonsten studierte sie nämlich im Hauptfach Psychologie. Da sie die Kunstvorlesungen nur zum Spaß besuchte, nahm sie es auch mit den Übungen zu den Vorlesungen nicht so genau. Sehr überraschend erhielt sie eines Tages eine E-Mail vom Leiter der Kunst-Fakultät: Sie solle sich aufgrund ihrer häufigen Abwesenheit in den Übungen bei ihm melden. Dort nahm ihre Verwunderung noch mehr zu, denn der Leiter behandelte sie wie ein Schulrektor eine Schülerin: Er schimpfte sie ordentlich aus, und als sie ihm erzählte, sie mache den Kurs doch nur zum Spaß, wurde er noch ärgerlicher.

Warum regte er sich denn so auf, es war doch ihr Problem, wenn sie den Kurs nicht regelmäßig besuchte?

- Lesen Sie nun die Antwortalternativen nacheinander durch.
- Bestimmen Sie den Erklärungswert jeder Antwortalternative für die gegebene Situation und kreuzen Sie ihn auf der darunter befindlichen Skala entsprechend an. Es ist möglich, daß mehrere Antwortalternativen den gleichen Erklärungswert besitzen.

Deutungen

a) Der Leiter ärgert sich darüber, daß die Gaststudentin »seinen« Studenten einen Platz im Kurs wegnimmt und dann auch noch schwänzt.

sehr zutreffend	eher zutreffend	eher nicht zutreffend	nicht zutreffend

b) In England sind viel autoritärere Strukturen in der Gesellschaft wirksam – das zeigt sich auch an den Universitäten.

sehr zutreffend	eher zutreffend	eher nicht zutreffend	nicht zutreffend

c) Studieren zu können, wird in England wesentlich mehr als in Deutschland als ein Privileg angesehen. Entsprechend ist die Betreuung intensiver und die Erwartung an die Lerndisziplin größer.

sehr zutreffend	eher zutreffend	eher nicht zutreffend	nicht zutreffend

d) In England gilt Anwesenheitspflicht für alle Kurse. Der Leiter wird so ärgerlich, weil Frau Mai dies einfach ignoriert.

sehr zutreffend	eher zutreffend	eher nicht zutreffend	nicht zutreffend

- Versuchen Sie, Ihre Einstufung jeder Antwortalternative zu begründen. Halten Sie die Begründung in schriftlicher Form stichpunktartig fest.
- Lesen Sie nun die Erläuterungen zu jeder Antwortalternative durch und vergleichen diese mit Ihren eigenen Begründungen.

Bedeutungen

Erläuterung zu a):
Als Gaststudent kann man in England häufiger erleben, daß man von Veranstaltungen ausgeschlossen bleibt, weil die Plätze knapp sind und die einheimischen Studenten Vorrang genießen. Diese Bevorzugung liegt darin begründet, daß die englischen Studenten für ihre Ausbildung bezahlen und diese nicht durch dadurch beeinträchtigt werden darf, daß ihnen Gaststudenten die Plätze in begehrten Veranstaltungen belegen. Demzufolge ist es natürlich nicht auszuschließen, daß sich ein Professor, der seine Veranstaltung freigegeben hat, ärgert, wenn die Gaststudenten nur die Plätze belegen, ohne regelmäßig anwesend zu sein. Der Hauptgrund für seine Verärgerung ist das allerdings nicht.

Erläuterung zu b):
Die Betreuung an englische Universitäten ist wesentlich intensiver, aber damit natürlich auch enger als in Deutschland. Ent-

scheidungen, die der Gaststudent zu Hause allein getroffen hätte und völlig ihm überlassen wären, müssen (können) nun mit Tutoren oder Betreuern durchgesprochen werden. Von diesem wesentlich verschulteren System fühlen sich Deutsche häufig bevormundet und in ihrer Selbständigkeit beschnitten. Dies geschieht jedoch nicht aus dem einfachen Grund, daß die Dozenten an englischen Universitäten mit mehr Macht über die Studenten ausgestattet sind. Eine andere Antwort liefert eine zutreffendere und weitergehendere Erklärung für diese Episode.

Erläuterung zu c):
In England herrscht eine von Deutschland deutlich abweichende Einstellung zum Hochschulstudium. Es wird in der Tat als ein Privileg angesehen, studieren zu dürfen, denn in England sind zum einen die Kosten für ein Studium höher (Studiengebühren!) und zum anderen ist es schwierig, an einer Universität mit gutem Ruf überhaupt einen Studienplatz zu bekommen. Hinzu kommt, daß den humboldtschen Idealen, die an deutschen Universitäten gefördert und gefordert werden, in England nicht die selbe Bedeutung zukommt. Es wird nicht in dem Umfang Wert auf die Entwicklung von Selbständigkeit und das möglichst ungehinderte Nachgehen individueller Neigungen gelegt. Darüber hinaus reicht die Eigenverantwortlichkeit für das Studium in England nicht so weit wie in Deutschland. Der Schwerpunkt ist auf der Insel ein wesentlich pragmatischerer, denn er liegt auf einer möglichst gezielten Ausbildung in kürzester Zeit. Dies läßt sich am besten mit einem straffen, fast schulmäßigen System verwirklichen, das darüber hinaus auch dem niedrigerem Alter der englischen Studenten gerecht wird. Außerdem verstehen sich englischen Universitäten als Dienstleistungsunternehmen, die eine gewisse Verantwortung für die Leistungen ihre Studenten haben, an denen sie übrigens auch gemessen werden. Aufgrund dieser Unterschiede hat der Professor wenig Verständnis dafür, wenn eine Veranstaltung nur hin und wieder zum Spaß besucht wird und nicht echter Bestandteil der Ausbildung ist.

Erläuterung zu d):
Für die allermeisten Veranstaltungen an englischen Universitäten

gilt Anwesenheitspflicht, die allerdings unterschiedlich streng gehandhabt wird (so werden oft Listen herumgereicht auf denen man seinen Namen abhaken muß). Diese Anwesenheitspflicht ist der Auslöser dafür, daß Frau Mai zu ihrem Professor gebeten wird. Der Grund für die Eskalation in der Situation hängt jedoch stärker mit dem unterschiedlichen Verständnis der Einrichtung Universität in beiden Ländern zusammen.

Beispiel 15: Der Umzug

Situation

Herr Schröder wohnte in Bristol in einer Firmenwohnung. Ein Monat vor Ablauf seines Mietvertrags bekamen er eine Arbeitsstelle angeboten und bemühte sich deswegen um eine vorzeitige Kündigung seines Mietverhältnisses. Dies führte zu mehreren Treffen und Besprechungen mit dem Vermieter, doch zum Antritt seiner Stelle konnte ihm immer noch niemand sagen, ob er nun für den letzten Monat zahlen müsse oder nicht. Als er sich zwei Tage vor seinem Auszugstermin noch mal erkundigte, sagte ihm der Angestellte in der Firmenverwaltung: » Ziehen Sie doch einfach aus und zahlen Sie keine Miete mehr.« »Und das wird keine Komplikationen geben?«, wollte Herr Schröder wissen. »Gut, das kann ich ihnen auch nicht garantieren, es ist ja noch nicht entschieden.«

Wie sollte Herr Schröder die Aussage des Angestellten deuten?

Lesen Sie nun die Antwortalternativen nacheinander durch.

– Bestimmen Sie den Erklärungswert jeder Antwortalternative für die gegebene Situation und kreuzen Sie ihn auf der darunter befindlichen Skala entsprechend an. Es ist möglich, daß mehrere Antwortalternativen den gleichen Erklärungswert besitzen.

Deutungen

a) Dem Angestellten war die Sache einfach egal, und er wollte sich nicht länger mit Herrn Schröder abgeben. Wenn seine Aussage falsch wäre, hätte ja nur Herr Schröder Scherereien.

sehr zutreffend	eher zutreffend	eher nicht zutreffend	nicht zutreffend

b) Der Angestellte wundert sich ohnehin schon die ganze Zeit darüber, daß Herr Schröder nicht einfach vollendete Tatsachen schafft. Man muß doch nicht alles hundertprozentig geklärt haben.

sehr zutreffend	eher zutreffend	eher nicht zutreffend	nicht zutreffend

c) Der Angestellte hat den Auftrag, so zu handeln, um Herr Schröder in Schwierigkeiten zu bringen.

sehr zutreffend	eher zutreffend	eher nicht zutreffend	nicht zutreffend

d) Der Angestellte will sich für Herr Schröder verwenden, kann das aber aufgrund der sprichwörtlich englischen Zurückhaltung nicht offen sagen.

sehr zutreffend	eher zutreffend	eher nicht zutreffend	nicht zutreffend

- Versuchen Sie, Ihre Einstufung jeder Antwortalternative zu begründen. Halten Sie die Begründung in schriftlicher Form stichpunktartig fest.
- Lesen Sie nun die Erläuterungen zu jeder Antwortalternative durch und vergleichen diese mit Ihren eigenen Begründungen.

■ Bedeutungen

Erläuterung zu a):

Man kann sicher nicht ausschließen, daß es dem Mitarbeiter in der Verwaltung lästig wurde, Herr Schröders Anfrage zu bearbeiten. Jedoch bleibt zweifelhaft, ob er dies tatsächlich als probates Mittel erachten würde, um den hartnäckigen Deutschen loszuwerden, denn der hatte ja erkennen lassen, daß er bei Scherereien zurückkommen würde. Dieser Erklärung trifft nicht so sehr den Kern, denn es gibt andere Gründe, warum Briten eher zur Tat schreiten als Deutsche dies tun.

Erläuterung zu b):
Bei Briten ist das Bedürfnis, alles genau geklärt zu haben bevor man zur Tat schreitet, wesentlich schwächer ausgeprägt als bei Deutschen. Man erwartet keine schriftlichen Bestätigungen und eine detaillierte Planung, sondern es wird oft erst gehandelt, probiert und gegebenenfalls korrigiert. So auch in diesem Fall: Wenn Herr Schröder zum Ende des Monats ausziehen will, soll er dies doch tun und die Mietzahlung einstellen. Wenn dies nicht korrekt ist, wird er es rechtzeitig erfahren und dann eben zur Kasse gebeten werden. Aber, so die englische Sichtweise, diese Unklarheit darf einen doch nicht länger beschäftigen und davon abhalten, seine Aufmerksamkeit auf wirklich wichtige Dinge zu richten. Für uns Deutsche ist es höchst unangenehm, eine solche Situation ungeklärt zu lassen und diese Unsicherheit zu ertragen, was uns in englischen Augen immer wieder als Pedanten erscheinen läßt. Briten hingegen wirken auf uns in diesem Zusammenhang eher als ungenau und vage.

Erläuterung zu c):
Es mag Firmen geben, die ihren Mitarbeitern Stolpersteine in den Weg legen, wenn der Abschied nicht in ihr Konzept paßt. Aber mit diesem Verhalten hätte die Firma englischen Mitarbeiter/-innen nicht behindern können, da diese ohnehin mit großer Wahrscheinlichkeit für sich die Entscheidung getroffen hätten auszuziehen und die Zahlung einzustellen, wenn sie von der Firma keine Auskunft bekommen hätten.

Erläuterung zu d):
Zurückhaltung und Selbstkontrolle verhindern immer wieder, daß Engländer offen zu ihren Verdiensten stehen. Doch in dieser Konstellation gibt es keinen Hinweis auf die Vermutung, der Angestellte wolle sich besonders für Herr Schröder einsetzen und verberge dies.

Beispiel 16: Der Streit

Situation

Frau Herzog lebte nun schon über ein halbes Jahr mit ihrem englischen Partner Andrew zusammen, und die beiden verstanden sich eigentlich sehr gut. Schwierig wurde es nur, wenn Frau Herzog mit ihm darüber reden wollte, daß sie etwas an ihrer Beziehung störe und wie man das ändern könne. Dann verlief das Gespräch meistens wie an diesem Abend: Frau Herzog beklagte sich, daß es viel zu oft nach seiner Vorstellung laufe und sie sich benachteiligt fühle. Eigentlich erwartete sie, daß Andrew sich irgendwie dazu äußern würde, aber er sagte nur: »Hm, ist in Ordnung, wo wollen wir denn heute abend hingehen?« Als sie auf dem Thema beharrte und forderte, daß er dazu Stellung nimmt, bekam sie nach einem Zögern die Antwort: »Das werden wir schon schaffen, das haben wir bisher auch hinbekommen.« Weiteres Nachhaken bewirkte nur, daß Andrew immer einsilbiger wurde und darauf drängte, etwas gemeinsam zu unternehmen.

Frau Herzog war verzweifelt, warum konnte man mit ihm nicht über ihre Probleme reden?

- Lesen Sie nun die Antwortalternativen nacheinander durch.
- Bestimmen Sie den Erklärungswert jeder Antwortalternative für die gegebene Situation und kreuzen Sie ihn auf der darunter befindlichen Skala entsprechend an. Es ist möglich, daß mehrere Antwortalternativen den gleichen Erklärungswert besitzen.

Deutungen

a) Briten reden ungern über emotionale Angelegenheiten, deswegen ist es auch schwierig, solche Probleme anzusprechen.

sehr zutreffend	eher zutreffend	eher nicht zutreffend	nicht zutreffend

b) In England herrscht eher eine traditionelle Geschlechterhierarchie vor, so daß Andrew das selbstbewußte Auftreten seiner Freundin verunsichert.

sehr zutreffend	eher zutreffend	eher nicht zutreffend	nicht zutreffend

c) In England gilt die Devise des »muddling through« – praktische Probleme theoretisch diskutieren nützt nicht viel; man wurstelt sich lieber durch.

sehr zutreffend	eher zutreffend	eher nicht zutreffend	nicht zutreffend

d) Frau Herzog ist Andrew einfach zu pingelig, denn er sieht diese Probleme gar nicht.

sehr zutreffend	eher zutreffend	eher nicht zutreffend	nicht zutreffend

- Versuchen Sie, Ihre Einstufung jeder Antwortalternative zu begründen. Halten Sie die Begründung in schriftlicher Form stichpunktartig fest.
- Lesen Sie nun die Erläuterungen zu jeder Antwortalternative durch und vergleichen diese mit Ihren eigenen Begründungen.

Bedeutungen

Erläuterung zu a):

In bezug auf den Ausdruck von Emotionen legen Briten in der Regel eine größere Zurückhaltung an den Tag als Deutsche. Ärger, Ungeduld, aber auch große Freude werden in vielen Situationen unterdrückt, da es als peinlich empfunden wird, diese Gefühle offen zu zeigen. So ist es durchaus möglich, daß es Andrew sehr unangenehm ist und er sich überfordert fühlt, wenn seine Freundin so offen ihre Unzufriedenheit anspricht und von ihm eine Stellungnahme erwartet. Direkte Aussprachen über Probleme im emotionalen Bereich gehören in England nicht zu den bevorzugten Strategien zur Lösung solcher Konflikte. Dies kommt jedoch nur erschwerend hinzu, ein anderer grundlegender Unterschied zwischen Briten und Deutschen bestimmt die Situation stärker.

Erläuterung zu b):
Die Differenzierung der Geschlechterrollen mag in England geringfügig deutlicher ausfallen als dies in Deutschland der Fall ist. Dies bedeutet jedoch nicht, daß sich in England Frauen Männern unterzuordnen haben – immerhin ist das Staatsoberhaupt eine Frau und die Geschicke des Landes wurden lange Zeit von einer Frau als Regierungschefin bestimmt. Diese Antwort trifft den Sachverhalt nicht.

Erläuterung zu c):
In der Tat sind Briten keine Freunde des Theoretischen. Stellt sich ein Problem, so werden dazu ungern lange Überlegungen angestellt und alle Eventualitäten geprüft. Briten geben hier dem Handeln den Vorzug und sehen wenig Nutzen in Überlegungen am grünen Tisch, wenn es sich um praktische Probleme dreht. Das führt oft zu einer Lösungsstrategie des »trial and error«, die natürlich auch eine größere Toleranz gegenüber Unwägbarkeiten voraussetzt. Frau Herzog hätte sich gern mit Andrew über ihre unterschiedlichen Vorstellungen von Beziehung unterhalten, um so festzustellen, was sie ändern müßten, um besser miteinander klarzukommen. Andrew genügte es völlig zu erfahren, was sie störte. Nachdem er das wußte, würden sie das schon »irgendwie« hinbekommen. Die Tatsache, daß es sich um ein emotionales Problem handelte, verstärkte zusätzlich noch die Tendenz, zum Alltäglichen überzugehen, ohne sich mehr als nötig den Kopf zu zerbrechen.

Erläuterung zu d):
Wie erwähnt ist in England häufig eine größere Toleranz gegenüber Ambiguitäten anzutreffen als dies in Deutschland der Fall ist, wo wesentlich mehr Wert auf »klare Verhältnisse« gelegt wird.

Es kann also nicht ausgeschlossen werden, daß Andrew die ganze Sache als nicht so problematisch ansieht wie seine Freundin. Die Art und Weise, wie er jedoch damit umgeht, wird durch diese Antwort nicht erklärt.

■ Lösungsstrategien

Wie hätten Sie sich an Frau Herzogs Stelle verhalten?

a) Ich nehme Andrews Verhalten in Kauf, da sind Briten einfach anders.

b) Ich legen ihm dar, wie man in Deutschland mit solchen Situationen umgeht und bitte ihn, mir sein Verhalten zu erklären.

c) Ich schlage ihm vor, daß wir in Zukunft immer abwechseln – mal wird gemacht, was ich möchte, dann geht es wieder so wie er möchte.

d) Offensichtlich will mich Andrew nicht verstehen, denn mit seinem Ausweichen setzt er wieder nur seine Meinung durch. Ich beharre auf dem Thema.

Erläuterung zu a):
Es ist sehr lobenswert, daß Sie sich an die kulturellen Gegebenheiten des Landes anpassen wollen, in dem sie zu Gast sind. Dies ist häufig gerade für den zufälligen, alltäglichen Kontakt mit Personen, die man nur selten trifft, die richtige Herangehensweise. Problematischer wird dieses Verhalten im Umgang mit Menschen, die Sie häufiger treffen und die Ihnen etwas bedeuten. Im Kontakt mit ihrem Freund Andrew immer die eigenen kulturellen Werte und Normen zurückzustellen und somit Teile der eigenen Identität zu verleugnen, wird auf die Dauer nicht gutgehen. Hier wäre es wichtig, neue, für beide akzeptable Formen des Umgangs zu entwickeln, denn langfristig wäre es auch für Ihre Beziehung nicht von Vorteil, wenn sie immer das Gefühl hätten, den Kürzeren zu ziehen, weil er »halt anders ist«.

Erläuterung zu b):
Mit dieser Lösungsstrategie bewegen Sie sich auf bekanntem Terrain: In Deutschland ist es üblich, Probleme zu lösen, indem man

sie direkt anspricht, um dann nach Lösungen zu suchen. Schwierig ist bei dieser Vorgehensweise allerdings, daß dies für Andrew offensichtlich nicht die bevorzugte Methode ist. Sie sollten also nicht zuviel Klärung auf einmal erwarten und versuchen, sich mit Geduld zu einem besseren gegenseitigen Verständnis der kulturellen Normen des anderen vorzuarbeiten.

Erläuterung zu c):
Es ist eine ganz persönliche Entscheidung, ob man diese Art von festen, expliziten Regelungen in einer Partnerschaft schätzt. Sie sollten allerdings bedenken, daß Sie so die kulturellen Unterschiede, die zu dem Ärger in der Situation geführt haben, unbeachtet lassen und diese Sie immer wieder einholen können. Eine Klärung der Unterschiede könnte zu einem wesentlich besseren gegenseitigen Verständnis beitragen und helfen, das Konfliktpotential in der Beziehung deutlich zu reduzieren.

Erläuterung zu d):
Wenn Sie Andrew einfach nachgeben würden, liefe es tatsächlich wieder nach seinen Vorstellungen ab. Allerdings ist es fraglich, ob Sie mit einem Beharren auf dem Thema weiterkämen oder nur noch mehr Frustrationen auf beiden Seiten auslösen würden. Unterschiedliche kulturelle Normen sind die Ursache, warum es zu keiner wirklichen Verständigung zwischen Ihnen und Andrew kam – allein durch Festhalten an Ihrem Streitpunkt schaffen sie diese Barrieren nicht aus dem Weg. Zuerst muß es Ihnen gelingen, eine gemeinsame Kommunikationsbasis zu schaffen, indem sie sich beide ihrer kulturellen Prägung bewußt werden.

■ Kulturelle Verankerung von »Pragmatismus«

Der englische Kulturstandard, der den vier vorangegangenen Geschichten zugrunde liegt, heißt *Pragmatismus*. *Pragmatismus* bedingt besonders im Arbeitsleben, an der Schule oder der Universität Verhaltensweisen, die deutschen Normen geradezu entgegenstehen: Man findet bei Briten wenig Liebe zu detaillierter, weitreichender Planung, eine profunde Abneigung gegen Prinzipien, deren praktischer Nutzen unklar ist und eine ablehnende Haltung gegenüber theoretischen Überlegungen, die weit über eigene Erfahrungen hinausgehen. Die logische Konsequenz daraus ist, daß man in England lieber flexibel auf die aktuelle Situation reagiert.

Eine sehr weitreichende Kompromißbereitschaft – *sense of compromise* – paart sich mit dem *muddling through*, dem Sich-irgendwie-Durchwursteln und ermöglicht es den Briten, in manchmal (für deutsches Empfinden) fast chaotischen Verhältnissen zu bestehen. Der Kompromiß und die Einigung sind erstrebenswerter als die ursprüngliche Idee. Wichtig ist, eine Lösung zu finden, selbst wenn dafür sehr viel Zeit in Anspruch genommen wird. Diese Flexibilität ist kombiniert mit einer ausgeprägten Toleranz gegenüber ambivalenten Konstellationen, eine Haltung, die der deutsche Vorliebe für eine exakte und ausführliche Planung entgegensteht.

Einen weiteren Aspekt, der mit dem Kulturstandard Pragmatismus gekoppelt ist, bezeichnet man in England als *common sense*, gesunder Menschenverstand. Er spielt bei Entscheidungsfindungsprozessen eine zentrale Rolle. Eine neue Idee wird zunächst immer der Prüfung unterzogen, inwieweit sie durch Erfahrung abgesichert ist. Je weiter sie sich von bisherigen empirischen Erkenntnissen abhebt, um so skeptischer wird sie beäugt. Auf dieser Basis haben abstrakte Ideologien und Theorien in England zunächst immer einen schweren Stand, bis sie ihre Tauglichkeit bewiesen haben.

So entsteht ein Gleichgewicht: Auf der einen Seite die nüchterne, mit beiden Füßen auf dem Boden stehende Beurteilung (*down to earth)* einer Idee oder eines Vorschlags bezüglich des direkten Nutzens und der Chancen zur Verwirklichung. Auf der anderen Seite wird eine detaillierte Planung nicht mehr für nötig erachtet, denn man bewegt sich ja auf bekanntem Terrain.

Deutlich äußern sich deutsch-englische Unterschiede im Bereich der Wissenschaft: Werden in England besonders Ausführungen geschätzt, die durch große Anschaulichkeit und allgemeine Verständlichkeit glänzen, so ist es in Deutschland eher Usus, daß die Komplexität der wissenschaftlichen Sprache sich in der Darstellung widerspiegelt. Auch liegt in der deutschen Forschung eine stärker Betonung auf dem theoretischen Unterbau, während in England das Pferd gern anders aufgezäumt wird und zunächst nach empirischen Grundlagen gesucht wird, aus denen dann eine Theorie entwickelt werden kann.

Alfred Weber, Begründer der Kultursoziologie, sah einen Zusammenhang zwischen der starken Ausprägung pragmatischen Handelns in einer Kultur mit deren ursprünglichen Bewirtschaftungsformen. In England und in Zentralasien war dies die Schafzucht, eine weitgehend witterungsunabhängige Form der Landwirtschaft, die gut planbar war und bei der man auf die Erfahrungen der Vorjahre aufbauen konnte. Im Gegensatz dazu förderte die sehr stark von der nicht vorhersagbaren Witterung abhängige Ackerwirtschaft in Deutschland ein Planen für alle Eventualitäten und Spekulationen über zukünftige Entwicklungen.

Man braucht allerdings gar nicht so weit in der Geschichte zurückzugehen, um die Spuren des Kulturstandards *Pragmatismus* aufzunehmen. Nach der Reformation entwickelten sich die philosophischen Strömungen in England in eine andere Richtung als auf dem Kontinent. Die Erfahrung wurde als einzig zuverlässige Grundlage der Erkenntnis anerkannt. Diese empiristische Erkenntnislehre (englischer Empirismus) beeinflußt das Denken und Handeln der Briten bis heute. Außerdem erfolgte eine starke Ausrichtung der Philosophen an aktuellen, vor allem politischen Problemen; John Locke war einer der prominentesten und einflußreichsten Repräsentanten dieser Denkweise. Aus dem Empirismus entwickelte sich das Nützlichkeitsdenken (Utilitarismus), demzufolge Handlungen nach deren Wirkung und Nutzen und nicht so sehr nach deren Motiven beurteilt werden. Diese Gedankenströmungen mündeten letztendlich in den Liberalismus, der das Wohl des Staates und das Glück des einzelnen in größtmöglicher Freiheit sieht. Die Werthaltungen dieser philosophischen Strömungen haben sicher nicht zuletzt Englands Aufstieg zur führenden Handels- und Weltmacht des 18. und 19. Jahrhunderts ermöglicht.

Ein starker Einfluß auf die Entwicklung dieser Wertewelt ist der Glaubensgemeinschaft der Puritaner zuzuschreiben. Ihrer Vorstellung, daß sich Gottgefälligkeit in Erfolg und Prosperität zeigt, forderte eine utilitaristische Auswahl der Ziele, die man anstrebte. Es ist naheliegend, daß diese Philosophie mit den Puritanern in die Vereinigten Staaten von Amerika gelangte.

PLANNERER

Themenbereich 5: Ritualisierte Regelverletzung

Beispiel 17: Das Geburtstagsgeschenk

Situation

Frau Raab arbeitete nun schon seit ein paar Wochen in einem Büro in Manchester. Eines Tages ging sie mit Kollegen zum Mittagessen in ein benachbartes Pub. Dort traute sie ihren Augen nicht: Eine Frau mit nacktem Oberkörper tanzt auf einem Tisch und ist umringt von einer fröhlichen Schar englischer Männer in dunklen Anzügen. Frau Raabs Kollegen sind begeistert und gesellen sich dazu. Auf Frau Raabs entsetzte Frage, ob sie denn hier etwa bleiben wollen, erklärt ihr ein Kollege: »Ja, warum denn nicht? Ist doch ganz nett – anscheinend hat jemand Geburtstag, und die Tänzerin ist das Geschenk der Kollegen.« Frau Raab konnte nicht begreifen wie das zusammenpaßte – seriöse Geschäftsleute und eine Stripteasetänzerin in deren Pub?

Wie war das zu verstehen?

- Lesen Sie nun die Antwortalternativen nacheinander durch.
- Bestimmen Sie den Erklärungswert jeder Antwortalternative für die gegebene Situation und kreuzen Sie ihn auf der darunter befindlichen Skala entsprechend an. Es ist möglich, daß mehrere Antwortalternativen den gleichen Erklärungswert besitzen.

Deutungen

a) Die schwarzen Anzüge stehen in England nicht im gleichen Maße für Seriosität wie in Deutschland.

sehr zutreffend	eher zutreffend	eher nicht zutreffend	nicht zutreffend

b) Es handelt sich um ein Pub für Geschäftsleute und deswegen sind hier hauptsächlich Männer unter sich. Das wird gern genutzt, um mal aus dem Rahmen zu fallen.

sehr zutreffend	eher zutreffend	eher nicht zutreffend	nicht zutreffend

c) In bestimmten Situation lassen Briten nur zu gern alle Konventionen fallen.

sehr zutreffend	eher zutreffend	eher nicht zutreffend	nicht zutreffend

d) In England herrscht eine Macho-Kultur vor, die in solchen »Geschenken« Ausdruck findet.

sehr zutreffend	eher zutreffend	eher nicht zutreffend	nicht zutreffend

- Versuchen Sie, Ihre Einstufung jeder Antwortalternative zu begründen. Halten Sie die Begründung in schriftlicher Form stichpunktartig fest.
- Lesen Sie nun die Erläuterungen zu jeder Antwortalternative durch und vergleichen diese mit Ihren eigenen Begründungen.

■ Bedeutungen

Erläuterung zu a):
In England ist es in wesentlich mehr Berufen üblich, Anzug und Krawatte oder ein Kostüm zu tragen. Diese Kleidervorschriften beschränken sich auch nicht auf gehobene Positionen. Selbst für Posten ohne Kundenkontakt wird häufig eine konservative Bekleidung erwartet. Insofern ist es richtig, wenn man sich als Deut-

scher in England bewußt macht, daß ein dunkler Anzug nicht mit der besonderen Bedeutung oder Seriosität einer Person zusammenhängt. In der vorliegenden Situation weiß Frau Raab dies offensichtlich nicht, was ihre Überraschung verstärkt. Allerdings erklärt das noch nicht die allgemeine Akzeptanz der Stripteasetänzerin in der Kneipe – dafür gibt es ein treffendere Antwort.

Erläuterung zu b):
Man ist als Deutscher geneigt zu vermuten, daß es sich hierbei um ein reines »Männervergnügen« handelt, das bei stärkerer weiblicher Präsenz in der Kneipe den Männern unangenehm wäre. Für England trifft dies allerdings nicht zu, denn viele britische Frauen finden an solchen Ereignissen oder an entsprechenden Versionen für ein weibliches Publikum durchaus ebenfalls Gefallen. Verdeutlicht werden kann der Unterschied zu Deutschland anhand des englischen Films »Ganz oder gar nicht« (Original: »The full monty«), der auch in Deutschland ein großer Erfolg war. In diesem Film versuchen arbeitslose englische Männer dadurch zu Geld zu kommen, daß sie in einem Pub strippen, und alle Bewohner der Stadt kommen, um den Auftritt zu sehen. In Deutschland wäre diese Geschichte unglaubwürdig, während auf der Insel zumindest das Interesse an solchen Ereignissen der Realität entspricht.

Die Stripperin in dem Pub kann also nicht durch die Abwesenheit von Frauen erklärt werden.

Erläuterung zu c):
In der Tat gibt es eine Reihe von Situationen in England, in denen Deutsche Schwierigkeiten haben, das Verhalten der Briten mit deren sonst so distinguiertem und zurückhaltendem Benehmen in Einklang zu bringen. Insbesondere bei der jüngeren Generation wird scheinbar ganz bewußt zugunsten einer lebensbejahenderen Einstellung mit den Überresten der alten puritanischen und viktorianischen Normen gebrochen. Schwierig ist es als Außenstehender zu erkennen, wann solch eine Regelverletzung tatsächlich toleriert wird, wann ein Werte- und Normenwandel etabliert ist. Hier bleibt dem deutschen Gast nichts anderes übrig als auf seine/ihre englischen Bekannten zu achten, sich an deren Ver-

halten anzupassen und sich möglichst von dem negativen Beigeschmack zu lösen, der solchen »events« in Deutschland anhaftet.

Erläuterung zu d):
Die Geschlechterrollen sind in England deutlicher ausdifferenziert als dies in Deutschland der Fall ist. Dies bedeutet, daß die Vorstellungen von typisch männlichem und typisch weiblichem Verhalten klarer und in gewissem Sinne emanzipierter sind als es Deutsche kennen. So gehört es zur Männerrolle, sich an einer nackten Frau in einem Pub zu erfreuen, genauso wie sich Frauen für einen spärlich bekleideten Mann auf der Theke interessieren würden. Das Verhalten mit einer Macho-Kultur zu erklären würde nur die männliche Seite beleuchten und außerdem zu weit gehen, was die Ausprägung dieses Verhaltens betrifft. Mit dem Benehmen der Männer in Ländern der »echten« Macho-Kultur läßt sich das der Engländer nur schwerlich vergleichen.

■ Beispiel 18: Die Bürodekoration

■ Situation

Herr Voll arbeitete in einer englischen Firma. An einem Morgen im Dezember kam er ins Büro, und alle Mitarbeiter, mit denen er sich das Großraumbüro teilte, machten sich gerade ans Werk: Der ganze Raum wurde mit Weihnachtsdekoration ausgeschmückt, mit Girlanden, allerlei bunten Sternen und Weihnachtsmännern. Man hatte den ganzen Vormittag lang nur mit der Bürodekoration zu tun. Herr Voll half auch mit, schielte aber immer zur Tür, um zu sehen, ob der Abteilungsleiter kam. Aber selbst als dieser den Raum betrat, konnte Herr Voll keinerlei Anzeichen in den Reaktionen des Leiters oder der Mitarbeiter finden, die diese Art der Arbeit als unangemessen beurteilt hätten.

Wie war das möglich?

- Lesen Sie nun die Antwortalternativen nacheinander durch.
- Bestimmen Sie den Erklärungswert jeder Antwortalternative für die gegebene Situation und kreuzen Sie ihn auf der darunter

befindlichen Skala entsprechend an. Es ist möglich, daß mehrere Antwortalternativen den gleichen Erklärungswert besitzen.

Deutungen

a) Dem Chef ist es nur recht, wenn eine angenehme Arbeitsatmosphäre geschaffen wird, denn das wirkt sich auch förderlich auf die Arbeitsmoral aus.

sehr zutreffend	eher zutreffend	eher nicht zutreffend	nicht zutreffend

b) Weihnachten hat in England eine viel stärkere religiöse und emotionale Bedeutung als in Deutschland.

sehr zutreffend	eher zutreffend	eher nicht zutreffend	nicht zutreffend

c) Weihnachten wird in England besonders auch mit den Kollegen gefeiert – die Trennung zwischen Arbeit und Freizeit ist dort nicht so stark.

sehr zutreffend	eher zutreffend	eher nicht zutreffend	nicht zutreffend

d) Dies ist eine Maßnahme, die den Teamgeist und das Zugehörigkeitsgefühl im Unternehmen stärken soll.

sehr zutreffend	eher zutreffend	eher nicht zutreffend	nicht zutreffend

- Versuchen Sie, Ihre Einstufung jeder Antwortalternative zu begründen. Halten Sie die Begründung in schriftlicher Form stichpunktartig fest.
- Lesen Sie nun die Erläuterungen zu jeder Antwortalternative durch und vergleichen diese mit Ihren eigenen Begründungen.

■ Bedeutungen

Erläuterung zu a):
Ein deutscher Abteilungsleiter hat sicher auch nichts gegen eine angenehme Arbeitsatmosphäre, aber ob er deswegen seine Mitarbeiter einen halben Tag lang das Büro dekorieren ließe, ist doch sehr fragwürdig. Es muß einen anderen Grund für das Verhalten an diesem Dezembertag geben.

Erläuterung zu b):
Dem Weihnachtsfest kommt auch in Großbritannien eine wichtige Rolle zu. Die emotionale, religiöse und teilweise von Sentimentalität begleitete Bedeutung wie in Deutschland hat Weihnachten aber in England nicht. Dort wird das Fest völlig anders interpretiert, und Briten könnten mit der deutsche Ernsthaftigkeit und Begriffen wie Besinnlichkeit in diesem Zusammenhang wohl nur wenig anfangen. Diese Erklärung trifft den Sachverhalt nicht.

Erläuterung zu c):
In Großbritannien ist der Kontakt unter Kollegen in der Freizeit viel intensiver und es werden häufig auch gemeinsame Unternehmungen gestartet. Aber auch am Arbeitsplatz läßt man schon mal alle fünf gerade sein und zieht zum Beispiel schon am Freitag Nachmittag in das nächstgelegene Pub, ohne daß dies Konsequenzen seitens des Arbeitgebers hätte. Es ist also überhaupt nicht ungewöhnlich, daß bestimmte Anlässe auch an der Arbeitsstelle, so wie in der Episode geschildert, gewürdigt werden. So ist Weihnachten ein Fest, das in England gerade auch mit den Kollegen sehr ausgelassen gefeiert wird. *Office-Parties* sind zu dieser Gelegenheit gang und gäbe und dabei werden nicht Tee und Plätzchen gereicht, sondern die Verhältnisse erinnern eher an eine deutsche Faschingsfeier, auch mit entsprechendem Alkoholkonsum. Diese Feste werden von der Firmenleitung toleriert, wenn auch nicht immer gutgeheißen. Die sonst üblichen Verhaltensnormen sind bei dieser Gelegenheit teilweise außer Kraft gesetzt, und man benimmt sich äußerst ungezwungen im Umgang mit Kollegen und Vorgesetzten. Man darf als Deutscher allerdings

nicht fälschlicherweise vermuten, daß nach einer Party die dort gepflegten Umgangsformen mit in den Alltag übernommen werden: Die Hierarchien sind am nächsten Tag wieder wirksam, auch wenn man sich abends davor bei diversen pints* ganz locker mit seinem Vorgesetzten unterhalten hat. Die Dekoration des Büros ist offenbar die Vorbereitung für solch ein Fest, und dem Abteilungsleiter käme es nicht in den Sinn, dies zu unterbinden, denn er wird sich an dem Fest genauso intensiv beteiligen wie seine Mitarbeiter.

Erläuterung zu d):
Diese Tradition rührt auf der Insel vielmehr von der stärkeren Bedeutung der Sozialkontakte bei der Arbeit her, als daß sie eine Maßnahme wäre, die von der Geschäftsleitung zur Förderung des Teamgeistes eingeführt werden würde. Zwar mag sie jetzt vielleicht in diesem Licht wohlwollend betrachtet werden, doch wurde sie nicht mit diesem Ziel ins Leben gerufen.

■ Beispiel 19: Das Wettrinken

■ Situation

Alljährlich wird von den Mitarbeitern der Firma, für die Frau Müller in England arbeitet, ein Wettbewerb organisiert, bei dem es darum geht, daß fünf Abteilungen in Teams gegeneinander bei Wettspielen antreten. Diesen Spiele ist gemeinsam, daß sie darauf abzielen, so viel wie möglich zu trinken. Dafür wurde auch in diesem Jahr ein ganzer Saal gemietet, in dem sich mehr als hundert Zuschauer köstlich über die gegen Ende des Abends halb besinnungslosen »Wettstreiter« amüsierten. Frau Müller konnte dem ganzen Schauspiel wenig abgewinnen und wunderte sich über ihre englischen Bekannten. Noch mehr verblüffte sie, daß am nächsten Tag keinem der Kandidaten sein Auftritt irgendwie peinlich zu sein schien.

---

* Englische Maßeinheit mit etwas mehr als einem halben Liter. Bier wird in England in pints und half pints ausgeschenkt.

Was für eine Einstellung steht hinter diesem Verhalten?

- Lesen Sie nun die Antwortalternativen nacheinander durch.
- Bestimmen Sie den Erklärungswert jeder Antwortalternative für die gegebene Situation und kreuzen Sie ihn auf der darunter befindlichen Skala entsprechend an. Es ist möglich, daß mehrere Antwortalternativen den gleichen Erklärungswert besitzen.

■ Deutungen

a) Wenn man für eine ordentliche Belustigung gesorgt hat, braucht man sich in England dafür nicht zu schämen.

sehr zutreffend	eher zutreffend	eher nicht zutreffend	nicht zutreffend

b) Mit solchen männlichen Kraftspielen sollen in England Frauen beeindruckt werden.

sehr zutreffend	eher zutreffend	eher nicht zutreffend	nicht zutreffend

c) Eigentlich ist es den Kandidaten später sehr peinlich, sie können nur ihre Gefühle gut verbergen.

sehr zutreffend	eher zutreffend	eher nicht zutreffend	nicht zutreffend

d) »Spiele ohne Grenzen« wurden in England erfunden und werden dort sehr oft wörtlich genommen.

sehr zutreffend	eher zutreffend	eher nicht zutreffend	nicht zutreffend

- Versuchen Sie, Ihre Einstufung jeder Antwortalternative zu begründen. Halten Sie die Begründung in schriftlicher Form stichpunktartig fest.
- Lesen Sie nun die Erläuterungen zu jeder Antwortalternative durch und vergleichen diese mit Ihren eigenen Begründungen.

Bedeutungen

Erläuterung zu a):
In diesem speziellen Fall scheint es keinen Grund zu geben, warum sich die Teilnehmer schämen sollten. Allerdings kann dies nicht damit erklärt werden, daß in England jemand, der für Belustigung gesorgt hat, prinzipiell Narrenfreiheit genießt. Engländer wissen einen »good laugh« durchaus zu schätzen, aber nicht in dieser generalisierten Form. Diese Erklärung ist zu allgemein, um tatsächlich einem besseren Verständnis der Situation dienlich zu sein.

Erläuterung zu b):
Die Art und Weise wie Männer sich Frauen gegenüber besonders vorteilhaft präsentieren, sind in England wie in Deutschland individuell so verschieden, daß sie mit dieser pauschalen Erklärung nicht erfaßt werden können.

Erläuterung zu c):
Briten bemühen sich wesentlich mehr als Deutsche, gerade sehr intensive Gefühle wie Ärger, Scham, aber auch Freude nicht offen zu zeigen, da dies als peinlich und unbeherrscht empfunden wird. So ist es insbesondere für eine Ausländerin, die die Kommunikationssignale einer anderen Kultur schwer beurteilen kann, nicht leicht festzustellen, ob die Teilnehmer des Wettkampfes nur geschickt ihre Scham am nächsten Tag überspielen. Die große Akzeptanz und Begeisterung, die am Vorabend herrschte, läßt es jedoch unwahrscheinlich erscheinen, daß die Beteiligten dies nötig hätten. Außerdem hätten sie wohl kaum an dem Wettrinken teilgenommen, wenn man sich deswegen schämen müßte.

Erläuterung zu d):
Eine Leidenschaft, die von der ganzen Nation geteilt wird, ist die für Spiele, und zwar am besten Spiele, bei denen sich die Möglichkeit zum Wetten bietet. Seien es Hunde- und Pferderennen, Fußball- und Rugbyspiele oder die *national-lottery* – die Begeisterung geht durch alle Bevölkerungsschichten, wenn auch die

Präferenzen für bestimmte Wetten schichtspezifisch sind. Sieht man diesen Umstand in Verbindung mit der Tatsache, daß sich auf der Insel kaum jemand an ein paar zuviel getrunkenen *pints* stören würden, dann erklärt das, warum die Teilnehmer sich am nächsten Tag nicht zu schämen brauchen. Wetten und die damit verbundenen Spiele wurden zu Zeiten der Puritaner und des Viktorianismus ebenso extrem geächtet wie alles, was auch nur im entferntesten mit Sexualität zu tun haben könnte (so war es ungehörig zu sagen, man habe Bauchschmerzen). Aber ebenso wie damals bei der Sexualität scheint eine repressive Handhabung in der Folge eine Verschärfung des Gegenteils zu fördern.

■ Beispiel 20: Let's talk about sex

■ Situation

Frau Rothlauf ging mit ihren englischen Kollegen häufig zum Mittagessen ins Pub. In einer der Mittagspausen kam das Thema »Sex« auf, und die Kolleginnen und Kollegen sprachen dann bei Tisch ganz offen über ihre nächtlichen Erlebnisse. Alle amüsierten sich dabei köstlich, nur Frau Rothlauf fühlte sich nicht wohl in ihrer Haut, denn sie war sich nicht sicher, ob man nun nicht dasselbe von ihr erwartete. Sie fürchtete, daß sie jemand zu ihren Erfahrungen befragen würde, denn es wäre ihr sehr unangenehm gewesen, sich in diesem Umfeld dazu äußern zu müssen.

Wie kommt es, daß sich ihre Kollegen so offen über dieses Thema unterhielten?

- Lesen Sie nun die Antwortalternativen nacheinander durch.
- Bestimmen Sie den Erklärungswert jeder Antwortalternative für die gegebene Situation und kreuzen Sie ihn auf der darunter befindlichen Skala entsprechend an. Es ist möglich, daß mehrere Antwortalternativen den gleichen Erklärungswert besitzen.

Deutungen

a) Die Briten wollten gegenüber der Deutschen ihre Offenheit demonstrieren.

sehr zutreffend	eher zutreffend	eher nicht zutreffend	nicht zutreffend

b) Gerade unter den jüngeren Briten gilt: Was für die Eltern tabu war, ist nun ein besonders beliebtes Thema.

sehr zutreffend	eher zutreffend	eher nicht zutreffend	nicht zutreffend

c) Die Deutschen gelten auf der Insel als besonders verklemmt und deswegen wollten Frau Rothlaufs Kollegen sie ein bißchen ärgern.

sehr zutreffend	eher zutreffend	eher nicht zutreffend	nicht zutreffend

d) Arbeitskollegen sind in England auch gleichzeitig Freunde, denen man alles erzählen kann.

sehr zutreffend	eher zutreffend	eher nicht zutreffend	nicht zutreffend

- Versuchen Sie, Ihre Einstufung jeder Antwortalternative zu begründen. Halten Sie die Begründung in schriftlicher Form stichpunktartig fest.
- Lesen Sie nun die Erläuterungen zu jeder Antwortalternative durch und vergleichen diese mit Ihren eigenen Begründungen.

Bedeutungen

Erläuterung zu a):
Es erscheint doch recht unwahrscheinlich, daß sich das Kollegium einer Abteilung darauf einigt, wahre oder erfundene Ge-

schichten aus ihrem Sexualleben zum Besten zu geben, um einer ausländischen Kollegin ihre Offenheit zu demonstrieren. Sollte dem trotzdem so gewesen sein, setzt dies jedoch eine sehr große Unbefangenheit mit der Thematik voraus, die ein Deutscher nur schwerlich aufbringen würde. Die Situation wird durch diese Antwort nicht erklärt.

Erläuterung zu b):
Wie schon in der vorangegangenen Situation beschrieben, war Sexualität lange Zeit ein tabuisiertes Thema in der englischen Gesellschaft. Nach wie vor ist die hier gezeigt Offenheit für viele Situationen absolut undenkbar, doch Umfragen bescheinigen der jüngeren Generation eine nie dagewesene Offenheit und Toleranz im Umgang mit Sexualität. Konträr zu ihrer Intention hat die Wiederbelebung einer repressiven, konservativen Politik in den achtziger Jahren des letzten Jahrhunderts einen Liberalisierungsprozeß vorangetrieben, dessen Anfänge in den »swinging sixties« in London zu finden sind. Sexualität wird in Deutschland der innersten Privatsphäre zugerechnet und es wird, wenn überhaupt, nur mit allerengsten Freunden darüber gesprochen. In Großbritannien ist dagegen in ganz bestimmten Konstellationen ein Bruch des sonst üblichen Schutzes der Privatsphäre möglich.

Erläuterung zu c):
Das Bild des Deutschen in England ist oft das eines humorlosen, etwas steifen Menschen. Die Deutschen sind auf der Insel allerdings nicht dafür bekannt, besonders verklemmt zu sein – dieses Attribut würden sich die Engländer schon noch eher selbst anheften. George Mikes schreibt dazu in einer seiner in England sehr beliebten Publikationen: »Continental people have sex-life; the English have hot-water-bottles.«*

Erläuterung zu d):
Den Arbeitskontakten kommt auf der Insel tatsächlich eine größere Bedeutung zu als in Deutschland, und häufig sind Arbeits-

---

* Aus G. Mikes »How to be an alien«.

kollegen eng miteinander befreundet. Jedoch würde bei Deutschen die Anwesenheit einer fremden Person im Freundeskreis genügen, um intime Themen nicht anzuschneiden. Die Engländer scheint aber die Anwesenheit der neuen deutschen Kollegin überhaupt nicht zu stören und ganz entgegen ihrer sonstigen Zurückhaltung in bezug auf die Privatsphäre wird freimütig erzählt. Diese Antwort erklärt das Verhalten in der Situation nicht.

■ Lösungsstrategien

Wie würden Sie sich an Frau Rothlaufs Stelle verhalten?

a) Ich würde von mir ablenken, indem ich einen bisher schweigenden Kollegen nach seinen Erfahrungen frage.
b) Ich würde ebenfalls ein Erlebnis erzählen.
c) Ich würde meinen Kollegen erklären, daß mir die Situation etwas peinlich ist, da ich in Deutschland diese Offenheit nicht gewohnt bin.
d) In der Hoffnung, daß der Kelch an mir vorübergeht, würde ich mich passiv verhalten und gar nichts unternehmen.

Erläuterung zu a):
Dieses Vorgehen ist äußerst riskant und kann geradewegs in einen großen Fettnapf führen. Die Tatsache, daß manche Kollegen Anekdoten erzählen, ist kein Freibrief dafür, daß man in die Privatsphäre anderer Kollegen eindringen darf. Ob sich jemand an diesem »Striptease« beteiligen möchte, ist seine/ihre Angelegenheit. Sie laufen Gefahr, als neugierig und aufdringlich eingeschätzt zu werden.

Erläuterung zu b):
Wenn sie damit keine Probleme haben – prima. Und Ihre englischen Arbeitskollegen und -kolleginnen werden es zu schätzen wissen.

Erläuterung zu c):
Klare Verhältnisse zu schaffen, ist für Deutsche eine sehr gängige Lösungsstrategie in Konfliktsituationen. Es ist allerdings fraglich,

ob Ihre englischen Kollegen Ihre Fähigkeit zur objektiven Analyse kultureller Unterschiede in dieser ausgelassenen Stimmung zu schätzen wüßten. Oder ob es nicht wahrscheinlicher ist, daß man sie als typisch humorlosen Deutschen empfinden würde. Eine völlig abwegige Lösung ist dies allerdings nicht.

Erläuterung zu d):
Es ist kaum denkbar, daß sie jemand zu einer Stellungnahme auffordern würde, die nicht mit einer flapsigen Bemerkung abgetan werden könnte. Die Privatsphäre wird in England mindestens so sehr geachtet wie in Deutschland, was sich deutlich in dem wesentlich indirekteren Kommunikationsstil der Engländer ausdrückt. Sie können also fast sicher sein, daß ein Ausweichen von Ihnen als solches erkannt und man Sie in Ruhe lassen würde.

■ Kulturelle Verankerung von »Ritualisierte Regelverletzung«

Der englische Kulturstandard, der den vier vorangegangenen Geschichten zugrunde liegt, heißt *Ritualisierte Regelverletzung*. Für deutsche Besucher auf der Insel ist es oft mit sehr großer Überraschung verbunden festzustellen, daß ihre Gastgeber in ganz bestimmten Situationen Höflichkeit, Anstand und Zurückhaltung über Bord werfen. Geradezu genüßlich wird dann mit diesen Regeln gebrochen, ohne deren sonstige Gültigkeit in Frage zu stellen. Dies kann sich im wilden Feiern und Festen ebenso äußern wie in plötzlich sehr offenem und freizügigem Umgang mit intimen Themen. Der krasse Gegensatz zur sonst üblichen Selbstkontrolle bewirkt, daß diese Abweichungen völlig unerklärlich erscheinen.

Ausgesprochen unwohl fühlen sich Deutsche oft in Situationen, wenn vor allem jüngere Briten ein recht unbefangenes Verhältnis zu Sexualität, ja sogar besonderes Interesse an diesem Thema an den Tag legen. Teilweise wird dann unter Bekannten in einer Offenheit über intime Gepflogenheit geplaudert, wie es in Deutschland höchstens unter engen Freunden üblich ist. Darüber hinaus stufen Engländer Veranstaltungen wie »tabledances« oder Strip-Einlagen in der Disco bei weitem nicht als primitiv oder gar schmuddelig ein – ganz im Gegensatz zu Deutschen, die, wenn sie in eine solche Veranstaltung geraten, oft glauben sich in der Tür geirrt zu haben.

Freitag abends sind häufig Manifestationen ritualisierter Regelverletzung zu erleben, ist der Feierabend am Ende der Arbeitswoche nach den *office-hours* doch oft von ausgiebigem Alkoholkonsum geprägt. Allerdings beschränken sich solche Ausbrüche auf die Freizeit, was nicht heißen muß, daß Arbeitskollegen nicht mit von der Part(ie)y sind. Im Gegenteil: Da Sozialkontakten bei der Arbeit eine große Bedeutung zukommt, geht man häufig abends noch mit den Kollegen ins Pub. Situationen, in denen sich der Kulturstandard manifestiert, können an das ausgelassene, teils ungehemmte Feiern beim deutschen Fasching erinnern.

Eine weithin bekannte Präsentationsform dieses Standards ist der »schwarze Humor«, der sich gerade durch das Brechen von Tabus auszeichnet. In Deutschland wurde dieser respektlose Umgang mit Normen und Regeln, der vor nichts Halt macht, vor allem durch Monty Python bekannt. Im Gespräch können von Briten Sarkasmus und Ironie überraschend bissig, fast aggressiv eingesetzt werden, um Ablehnung auszudrücken, die so kaum direkt ausgesprochen werden würde.

Die Ursprünge des Kulturstandards *Ritualisierte Regelverletzung* sind weitgehend der frühen politischen Freiheit der Briten (siehe Kulturstandard *Indirektheit*) zuzuschreiben. Mäßiger Respekt des »frei(geboren)en Engländers« vor Normen und Regeln, gepaart mit außerordentlicher Lebensfreude, spiegeln sich in den Komödien Shakespeares (z. B. Falstaff in »The merry wives of Windsor«) ebenso wider wie in Chaucers (gest. 1400) »Canterbury tales«, die noch wesentlich weiter zurückreichen. Der Begriff des »merry England«, des fröhlichen Englands, wurde ebenfalls in dieser Zeit geprägt.

Die sehr restriktiven Gesellschaftsnormen zu Zeiten der Puritaner und des Viktorianismus wirkten und wirken sehr lange ins zwanzigste Jahrhundert nach und haben entscheidend zum heutigen Erscheinungsbild des Kulturstandards *Ritualisierte Regelverletzung* beigetragen. So vertraten die Puritaner eine sehr strenge Bibelinterpretation als deren Konsequenz Alkoholkonsum, Glücksspiele oder Sexualität entschieden abgelehnt und teilweise völlig tabuisiert wurden. Die damalige Ablehnung vieler Genüsse scheint jedoch extreme Regelbrüche in eng umschriebenen Situationen geradezu provoziert zu haben. Diesen Regelverletzungen kommt ein Ventilfunktion zu. Symbolisch wird dieses Janusgesicht der englischen Gesellschaft in Dr. Jekyll und Mr. Hyde in dem gleichnamigen Roman von R. Stevenson dargestellt.

Ein verstärkter Druck in Richtung restriktive Normen konnte in den achtziger Jahren des letzten Jahrhunderts während der konservativen Regierung unter Margaret Thatcher beobachtet werden. Nichtsdestotrotz scheint der Kulturstandard *Ritualisierte Regelverletzung* gerade für jüngere Briten zu gelten.

PLANNERER

Themenbereich 6: Interpersonale Distanzreduzierung

Beispiel 21: The policeman

Situation

Frau Schmid war nach langer Fahrt mit dem Zug endlich in London Victoria Station angekommen. Ganz in der Nähe sollte auch ihre Unterkunft liegen. Um sich umständliches Suchen zu ersparen, wandte sie sich an einen Polizisten: »Können Sie mir bitte sagen, wo ich die Belgrave-Road finde?« Dieser schaute sie an und sagte: »Well, darling you have to ...« und erklärte ihr den Weg.

Frau Schmid war völlig platt: Was nimmt der sich heraus, sie als »darling« zu bezeichnen!?

- Lesen Sie nun die Antwortalternativen nacheinander durch.
- Bestimmen Sie den Erklärungswert jeder Antwortalternative für die gegebene Situation und kreuzen Sie ihn auf der darunter befindlichen Skala entsprechend an. Es ist möglich, daß mehrere Antwortalternativen den gleichen Erklärungswert besitzen.

Deutungen

a) In England ist das einfach eine freundliche Geste und nicht wörtlich zu verstehen.

sehr zutreffend	eher zutreffend	eher nicht zutreffend	nicht zutreffend

b) Die britische Gesellschaft ist stärker von Männern dominiert als die deutsche, was sich in solchem Verhalten widerspiegelt.

sehr zutreffend	eher zutreffend	eher nicht zutreffend	nicht zutreffend

c) Das ist englischer Humor, immer den Sinn für das Absurde: Ein Polizist, der eine Passantin mit »Liebling« anspricht.

sehr zutreffend	eher zutreffend	eher nicht zutreffend	nicht zutreffend

d) Der Polizist war einfach genervt, weil er ständig von Touristen um Hilfe gebeten wird, selbst bei den einfachsten Problemen.

sehr zutreffend	eher zutreffend	eher nicht zutreffend	nicht zutreffend

- Versuchen Sie, Ihre Einstufung jeder Antwortalternative zu begründen. Halten Sie die Begründung in schriftlicher Form stichpunktartig fest.
- Lesen Sie nun die Erläuterungen zu jeder Antwortalternative durch und vergleichen diese mit Ihren eigenen Begründungen.

■ Bedeutungen

Erläuterung zu a):
Es gibt im englischen Sprachgebrauch eine ganze Reihe von Formulierungen, die verwendet werden, um Fremden gegenüber Freundlichkeit zu signalisieren. Dabei verlieren diese Phrasen ihre wörtliche Bedeutung und dienen dazu, ein angenehmes Kommunikationsklima zu schaffen, indem sie die Distanz zwischen Unbekannten reduzieren helfen. Besonderes verbreitet sind diese Redewendungen bei Angehörigen der *lower class*, wo auch Ausdrücke wie »guvn'r« (governor), »dear(y)«, »squire«, »duck(y)«, »hen« Verwendung finden. Wenn man also von einer Kassiererin mit »love« (»luv« in London) oder einem Polizisten mit »darling« angesprochen wird, ist das kein Grund zur Beunruhigung, sondern ein Freundlichkeit, über die man sich getrost freuen darf.

Erläuterung zu b):
Ebenso wie in Deutschland werden in England noch weite Bereiche des gesellschaftlichen Lebens von Männern dominiert, zu denen Frauen erst zögerlich Zugang gewinnen. Das Verhalten des Polizisten hat jedoch überhaupt nichts mit Diskriminierung zu tun, denn Frau Schmid könnte sich schadlos mit einer ähnlichen Wortwahl von ihm verabschieden.

Erläuterung zu c):
Einem Nicht-Muttersprachler kann es auf der Insel schon widerfahren, daß er häufiger einen Witz nicht versteht, insbesondere, wenn es sich um ein Wortspiel (*pun*) handelt. In dieser Situation spielt jedoch Humor keine Rolle, das Wort *darling* erfüllt einen anderen Zweck.

Erläuterung zu d):
Da in England selten Ärger offen gezeigt wird, ist es durchaus vorstellbar, daß der Polizist durch eine ironische Bemerkung Dampf abläßt. Die Anrede »darling« besitzt jedoch überhaupt keinen ironischen Beigeschmack, sondern wird als ausgesprochen freundlich aufgefaßt. Diese Erklärung trifft nicht zu.

Beispiel 22: Auf dem Land

Situation

Herr Eckhart machte mit seiner deutschen Frau am Wochenende mit dem Motorrad einen Ausflug nach Cornwall aufs Land. Am Sonntagabend entschließen sich beide, eine Messe in einer Dorfkirche zu besuchen. Zunächst sind sie etwas unsicher, da sie nicht wissen, wie die anderen Kirchenbesucher auf ihre Motorradkluft reagieren werden. Doch kaum ist die Messe vorbei, werden sie noch in der Kirche von mehreren Personen angesprochen, wer sie denn seien, und daß es schön wäre, neue Gesichter in der Kirche zu sehen. Selbst der Pfarrer ließ es sich nicht nehmen, sie noch zu verabschieden.

Woher rührt dieses unerwartete Verhalten?

- Lesen Sie nun die Antwortalternativen nacheinander durch.
- Bestimmen Sie den Erklärungswert jeder Antwortalternative für die gegebene Situation und kreuzen Sie ihn auf der darunter befindlichen Skala entsprechend an. Es ist möglich, daß mehrere Antwortalternativen den gleichen Erklärungswert besitzen.

■ Deutungen

a) Die Art sich zu kleiden hat in England keine besondere Bedeutung. Deswegen reagieren die Kirchgänger völlig unvoreingenommen.

sehr zutreffend	eher zutreffend	eher nicht zutreffend	nicht zutreffend

b) Briten verhalten sich für deutsche Verhältnisse oft ungewöhnlich aufgeschlossen und freundlich, gerade bei einem ersten Kontakt.

sehr zutreffend	eher zutreffend	eher nicht zutreffend	nicht zutreffend

c) In England zeigt man Ablehnung auf keinen Fall öffentlich, hier wird sie geschickt durch Plaudereien überspielt.

sehr zutreffend	eher zutreffend	eher nicht zutreffend	nicht zutreffend

d) Die Kirche ist in Großbritannien traditionell ein Ort besonderer Gastfreundschaft.

sehr zutreffend	eher zutreffend	eher nicht zutreffend	nicht zutreffend

- Versuchen Sie, Ihre Einstufung jeder Antwortalternative zu begründen. Halten Sie die Begründung in schriftlicher Form stichpunktartig fest.

– Lesen Sie nun die Erläuterungen zu jeder Antwortalternative durch und vergleichen diese mit Ihren eigenen Begründungen.

■ Bedeutungen

Erläuterung zu a):
Unabhängig von der Kleidung wären Herr Eckhart und seine Frau in einer deutschen Dorfkirche höchst wahrscheinlich nicht angesprochen worden, in England hingegen schon. Die Erklärung des englischen Verhaltens hängt also nicht damit zusammen, daß Engländer in bezug auf Kleidung höchst tolerant sind. Sie stoßen sich sehr wohl an der Verletzung von Kleidervorschriften, würden dem allerdings nur vorsichtig Ausdruck verleihen.

Erläuterung zu b):
In der Tat überbrücken Engländer die Kluft zu Fremden wesentlich schneller und ungezwungener als dies Deutsche tun. Die Gelegenheit zu einem kurzen, unverbindlichen Schwatz mit Fremden wird gerade auf dem Land gern wahrgenommen. Dabei ist kein besondere Anlaß nötig, um das Gespräch in Gang zu bringen. Die Engländer sind wahre Meister darin, eine freundliche und witzige Unterhaltung zu führen, ohne aufdringlich oder neugierig zu wirken. Rein inhaltlich haben diese *small talks* oft weder Ziel noch Zweck, man unterhält sich einfach aus Spaß an der Unterhaltung. Bedenken, aufdringlich zu sein, halten Deutsche hingegen oft davon ab, Fremde anzusprechen oder etwa ungefragt ihre Hilfe anzubieten. In England widerfährt es einem Besucher häufig, daß allein ein hilfesuchender Blick genügt, um das »May I help you« eines Passanten auszulösen.

Erläuterung zu c):
Es ist äußerst ungewöhnlich, daß Briten ihre Ablehnung offen und unverhohlen zeigen. Dies würden sie als unbeherrscht und primitiv ablehnen. Wenn, dann wird sie in spitzen Bemerkungen oder in Humor verpackt zum Ausdruck gebracht. So würden die englischen Kirchenbesucher einfach keinen Kontakt zu den bei-

den suchen, wenn sie sie von vornherein unsympathisch finden würden. Zwar ist deren Kleidung etwas unpassend, aber wenn man mit dem Motorrad unterwegs ist, trägt man eben Lederkleidung, »and after all they are foreigners«. Diese Antwort trifft den Sachverhalt also nicht.

Erläuterung zu d):
Sicherlich wurde die Kontaktaufnahme dadurch gefördert, daß die Situation in einer Kirche stattfand, denn auch die englische Kirche versucht händeringend, junge Mitglieder zu gewinnen. In Deutschland würde man auch auf dem Land aber nur selten so weit gehen, deswegen unbekannte Kirchenbesucher direkt anzusprechen.

Beispiel 23: Eine deutsch-englische Freundschaft

Situation

In einer Fortbildungsreihe seiner Firma lernte Herr Blaschke die Engländerin Angela kennen, mit der er sich sehr gut verstand und die ihn wohl auch sympathisch fand. Während der folgenden Monate sahen sie sich häufig, da sie dieselben Veranstaltungen besuchten. Ihr letztes Treffen fand bei der abschließenden Prüfungen statt, wo man verabredete, sich anzurufen, um gemeinsam etwas zu unternehmen. Anrufe gab es mehrere, aber aus einer Verabredung wurde nie etwas, da zwischen Herr Blaschkes Anruf und ihrem Rückruf oft Wochen vergingen. Als sie sich einmal zufällig über den Weg liefen, schien Angela sich genauso zu freuen wie Herr Blaschke, war aber in Eile und versprach anzurufen. Der Anruf lies wieder »ewig« auf sich warten, und Herr Blaschke hatte keine Lust mehr, wieder die Initiative zu ergreifen.

Warum entwickelte sich ihre Beziehung so?

- Lesen Sie nun die Antwortalternativen nacheinander durch.
- Bestimmen Sie den Erklärungswert jeder Antwortalternative für die gegebene Situation und kreuzen Sie ihn auf der darunter

befindlichen Skala entsprechend an. Es ist möglich, daß mehrere Antwortalternativen den gleichen Erklärungswert besitzen.

Deutungen

a) Die Engländerin hat einen Freund und der könnte eifersüchtig auf ein Treffen reagieren. Dies will sie vermeiden.

sehr zutreffend	eher zutreffend	eher nicht zutreffend	nicht zutreffend

b) In England haben solche Vereinbarungen nicht die gleiche Verbindlichkeit wie in Deutschland.

sehr zutreffend	eher zutreffend	eher nicht zutreffend	nicht zutreffend

c) Die Engländerin zählte Herr Blaschke gar nicht zu ihrem Freundeskreis, er hatte ihre Freundlichkeit überbewertet.

sehr zutreffend	eher zutreffend	eher nicht zutreffend	nicht zutreffend

d) Herr Blaschke wurde nur wegen seiner intellektuellen Qualitäten geschätzt und deswegen beschränkten sich die Kontakte auf diesen Bereich. Briten denken in dieser Hinsicht ganz praktisch.

sehr zutreffend	eher zutreffend	eher nicht zutreffend	nicht zutreffend

- Versuchen Sie, Ihre Einstufung jeder Antwortalternative zu begründen. Halten Sie die Begründung in schriftlicher Form stichpunktartig fest.
- Lesen Sie nun die Erläuterungen zu jeder Antwortalternative durch und vergleichen diese mit Ihren eigenen Begründungen.

Bedeutungen

Erläuterung zu a):
Wie in Deutschland kann man in dieser Konstellation nicht ausschließen, daß Angela Herr Blaschke zwar nett findet, aber private Treffen unterläßt, um ihren Freund nicht unnötig eifersüchtig zu machen. Die Häufigkeit mit der Deutsche in England in vergleichbare Situationen geraten, ohne daß ein Freund der Hinderungsgrund sein kann, läßt es jedoch ratsam erscheinen, auch andere, kulturell bedingte Erklärungen in Betracht zu ziehen.

Erläuterung zu b):
In England gilt nicht wie in Deutschland: Gesagt, getan. Vielfach werden Floskeln verwendet, die durchaus Sympathie ausdrücken im Sinne von »ich finde dich so sympathisch, daß ich sogar mit dir essen gehen würde« – aber die einfach nicht wörtlich zu nehmen sind. Mit solchen Äußerungen wollen die Engländer keine Verpflichtungen eingehen, sondern eine angenehme Atmosphäre schaffen. Hinzu kommt, daß bei Briten an dieser Stelle häufig die Hemmschwelle einsetzt, sich nicht aufdrängen zu wollen. Diese Hemmschwelle wird bei Deutschen schon viel früher wirksam und ist schon überwunden, wenn man freundschaftlichen Umgang pflegt. Die Umsetzung solcher allgemeiner, nicht wörtlich zu nehmender Interessensbekundungen in die Tat kann entweder ganz zufällig und spontan erfolgen oder viel wahrscheinlicher durch eine gehörige Portion Hartnäckigkeit.

Erläuterung zu c):
Es geschieht immer wieder, daß Deutsche Schwierigkeiten haben, am Verhalten von Engländern zwischen freundlichen und freundschaftlichen Umgangsformen zu unterscheiden. Angela hat sich Herr Blaschke gegenüber sehr freundlich gezeigt und während der Fortbildung ergaben sich immer wieder zufällige Kontakte, die von beiden als positiv empfunden wurden. Diese Treffen hatten für Herr Blaschke eine größere Bedeutung als für Angela, da er als Gast im Land wahrscheinlich noch keinen großen Freundeskreis hatte. Dies in Verbindung mit der Tatsache, daß ihr Verhalten gemessen an deutschen Normen freundschaft-

lich war, verleitete Herr Blaschke dazu, ihrer Beziehung eine größere Bedeutung beizumessen als Angela es tat.

Erläuterung zu d):
In dieser Hinsicht unterscheiden sich Briten und Deutsche wohl kaum. Bei Fehlen des nötigen Fachwissens wenden sich Studenten beider Länder an Kommilitonen, die es besser wissen könnten, selbst wenn man sonst vielleicht nicht viel mit ihnen zu schaffen hat. Da sich Angela offensichtlich auch freute, Herr Blaschke zu treffen, wenn es nichts Fachliches zu besprechen gab, erscheint es jedoch unwahrscheinlich, daß sie ihn nur wegen seinen »intellektuellen Qualitäten« schätzte. Ihr Verhalten war anders begründet.

■ Lösungsstrategien

Wie würden Sie sich an Herr Blaschkes Stelle verhalten?

a) Wahrscheinlich hätte ich schon früher aufgegeben – man merkt ja, daß bei Angela kein richtiges Interesse an einer engeren Freundschaft besteht.
b) Ich würde betonen, daß ich nur an einer rein freundschaftlichen Beziehung interessiert bin.
c) Ich würde Angela fragen, warum sie sich nicht mit mir treffen will.
d) Ich gäbe unserer Freundschaft noch eine Chance, indem ich noch zumindest dreimal bei ihr anrufe.

Erläuterung zu a):
Sicherlich hat man nicht den Eindruck, Angela sei über beide Ohren in Sie verliebt, und Ihnen ist wohl an der Freundschaft zu Angela mehr gelegen – nicht zuletzt, weil Sie sonst kaum jemanden kennen. Daraus aber abzuleiten, daß Angela überhaupt kein Interesse an ihrer Person hat, würde zu weit gehen. Durch die freundliche Art der Engländer wähnt man sich als Deutscher oft schon am Ziel, um dann feststellen zu müssen, daß die Beziehung stagniert oder sich nur sehr zögerlich in Richtung Freundschaft weiterentwickelt. Die Enttäuschung (»ich dachte, wir wären

Freunde«) ist in solch einer Situation oft groß und verleitet zu einem gekränkten Abwenden. Dabei setzt in Großbritannien an dieser Stelle oft erst das Gewinnen einer Freundschaft ein – was davor war, lief unter Freundlichkeit/Höflichkeit. Hinzu kommt, daß in Deutschland für Verabredungen gilt: Abgemacht ist abgemacht, während Briten viel leichtfertiger sagen »I give you a call« oder »we should have lunch together«, ohne dabei diese Vorhaben fest einzuplanen. Diese Offerten sind häufig nichts als freundliche Gesten und sollten so auch verstanden werden. Erfolgt Angelas Anruf erst nach Wochen, spiegelt dies also kein Desinteresse, sondern das englische Verständnis solcher Vorschläge wider: Das ist eine nette Idee, die man irgendwann mal umsetzen könnte. Es wäre also bedauerlich, wenn Sie schon früher aufgegeben hätten, denn mit einer gewissen Hartnäckigkeit wäre vielleicht durchaus eine Freundschaft zwischen ihnen und Angela zu erreichen gewesen.

Erläuterung zu b):
Um Mißverständnissen vorzubeugen, kann es ganz hilfreich sein, klare Verhältnisse zu schaffen. Mit dieser Aussage könnte es Ihnen allerdings gelingen, Angela ordentlich zu überraschen. Zum einen ist es in England nicht gerade üblich, mit Bekannten – und das sind Sie für Angela noch – derart offen und direkt über emotionale Belange zu sprechen. Zum anderen erkennt Angela wahrscheinlich nicht den Grund für diese Klarstellung, da sich ihre Beziehung in völlig unverfänglichem Rahmen bewegt. Diese Handlungsalternative geht wiederum von einer freundschaftlichen Nähe zwischen Ihnen und Angela aus, die von ihr nicht so gesehen wird. Andere Handlungsalternativen wären also angebrachter.

Erläuterung zu c):
Das ist für Deutschland eine durchaus angemessene Vorgehensweise, in England jedoch viel zu direkt. »How embarrassing ...«, »wie peinlich« wäre die englische Reaktion auf solch ein Vorgehen. Es ist sowohl unhöflich, direkt die Annahme zu äußern, daß sich Angela nicht mit Ihnen treffen will, als auch eine klare Stellungnahme von ihr zu erwarten. Zieht man dann noch in Be-

tracht, daß sich Angela aus englischer Sicht Ihnen gegenüber völlig korrekt verhalten hat, kann man sich vorstellen, wie diese klärende Aussprache zu zusätzlichen Verstimmungen führen könnte: Sie machen Angela Vorwürfe, obwohl sie sich keiner Schuld bewußt sein muß. Sowohl Form (zu direkt) als auch Inhalt (Vorwurfshaltung) sind der Situation nicht angemessen. Wenn Sie Ihre Verwirrung über Angelas Verhalten zum Ausdruck bringen wollen, sollten Sie sich bemühen, dies möglichst vage und ohne große Verärgerung zu tun. So werden Sie weiter kommen als mit konfrontativem Vorgehen.

Erläuterung zu d):
Hartnäckigkeit gepaart mit einer etwas lockereren Interpretation von Zusagen und Verabredungen sind gute Voraussetzungen, um als Deutscher am englischen Kontaktverhalten nicht zu verzweifeln. Wenn Sie also in Zukunft nicht jeden Vorschlag für bare Münze nehmen und sich trotzdem immer wieder einmal melden, nähern Sie sich schon sehr englischem Verhalten an und erhöhen ihre Chance auf Erfolg. Schön wäre es, wenn es Ihnen dabei gelänge, die Briten nicht einfach als unzuverlässig einzustufen. Sehen Sie es vielmehr als eine andere Form des zwischenmenschlichen Umgangs: Ihnen wird auf der Insel der anfängliche Kontakt überraschend leicht gemacht, dafür müssen Sie sich später etwas mehr anstrengen. In Deutschland stößt man auf die große Hürde zu Beginn einer Bekanntschaft, danach halten sich die Anstrengungen in Grenzen. Deutsche in England berichten immer wieder, daß sie von ihren englischen Freunden gerade wegen ihrer Zuverlässig keit besonders geschätzt wurden – Sie brauchen also ihr Verhalten nicht komplett zu ändern, um in England Freunde zu gewinnen.

■ Beispiel 24: You can say you to me

■ Situation

Frau Henge arbeitete als team-assistent in einem mittelständischen englischen Betrieb. Sie war sehr überrascht, daß sich alle Kollegen mit dem Vornamen ansprachen. Für ihr direktes Umfeld fand sie das sehr angenehm, weil es eine lockere Atmosphäre schuf. Als sie jedoch feststellte, daß ihre Kollegen auch die höchsten Vorgesetzten mit dem Vornamen ansprachen, zweifelte sie daran, daß dies für sie auch schon gelte – sie kannte sie ja noch überhaupt nicht.

Wie ist diese Situation einzuschätzen?

- Lesen Sie nun die Antwortalternativen nacheinander durch.
- Bestimmen Sie den Erklärungswert jeder Antwortalternative für die gegebene Situation und kreuzen Sie ihn auf der darunter befindlichen Skala entsprechend an. Es ist möglich, daß mehrere Antwortalternativen den gleichen Erklärungswert besitzen.

■ Deutungen

a) Der Gebrauch von Vornamen soll den Zusammenhalt und die Zusammenarbeit im Team fördern (Managementstrategie).

sehr zutreffend	eher zutreffend	eher nicht zutreffend	nicht zutreffend

b) Als Neuling sollte man auf jeden Fall den Nachnamen verwenden und den Vorgesetzten mit »Sir« ansprechen. Die anderen Kollegen kennen den Chef einfach schon sehr lange.

sehr zutreffend	eher zutreffend	eher nicht zutreffend	nicht zutreffend

c) Hierarchien spielen in Großbritannien im Arbeitsleben eine untergeordnete Rolle. Deswegen werden keine Unterschiede zwischen Vorgesetzten und Kollegen gemacht.

sehr zutreffend	eher zutreffend	eher nicht zutreffend	nicht zutreffend

d) In England wird persönliche Nähe nicht so sehr über die Verwendung von Vor- oder Nachnahmen bei der Anrede hergestellt.

sehr zutreffend	eher zutreffend	eher nicht zutreffend	nicht zutreffend

- Versuchen Sie, Ihre Einstufung jeder Antwortalternative zu begründen. Halten Sie die Begründung in schriftlicher Form stichpunktartig fest.
- Lesen Sie nun die Erläuterungen zu jeder Antwortalternative durch und vergleichen diese mit Ihren eigenen Begründungen.

■ Bedeutungen

Erläuterung zu a):
Es ist in England viel üblicher, sich zu Beginn einer Bekanntschaft mit dem Vornamen vorzustellen, unabhängig davon, ob es sich nun um Arbeitskollegen handelt oder ob sich ein Professor seinen Studenten vorstellt. Es handelt sich dabei also sicher nicht um eine Managementstrategie, auch wenn es vielleicht den Effekt einer informelleren, unmittelbareren Kommunikation mit sich bringt.

Erläuterung zu b):
Selbst als neue Mitarbeiterin kann es völlig in Ordnung sein, den Vorgesetzten mit dem Vorname anzusprechen. In aller Regel wird er sich entsprechend bei dem neuen Mitarbeiter vorstellen. Man darf es dann also auch ruhig wagen, sie oder ihn mit dem Vornamen anzusprechen, wenn man bei der Vorstellung nur diesen Namen erfährt. Es könnte bei dem einen oder anderen Vorgesetzten durchaus ein gelungener Einstand sein, wenn Sie ihn mit »Sir« ansprechen – sei es, weil er noch zu den wenigen Chefs der ganz alten Schule gehört, oder, und das ist sehr viel wahrscheinlicher, weil Sie ihn durch eine für diese Situation etwas antiquierte Anrede belustigen. Wenn dies aber nicht Ihre Absicht ist, sollten Sie sich eher an andere Erklärungen zu der Situation halten, denn die landläufig übliche Anspracheform ist dies nicht.

Erläuterung zu c):

Auf den ersten Blick kann man als deutscher Gast bei englischen Arbeitsgruppen oft kaum hierarchische Unterschiede beobachten: Der Umgangston ist unter allen betont locker, und es ist auch keine Person auszumachen, die klare Weisungen erteilt. Dennoch spielen Hierarchien in der englischen Gesellschaft und Wirtschaft mindestens eine so große Rolle wie in Deutschland. Sie werden jedoch subtiler und indirekter kommuniziert als dies bei uns der Fall ist. Erst bei längerer Beobachtung wird augenfällig, daß die Vorgesetzten die größten Gesprächsanteile besitzen und ihre Weisungen oft eher wie Ratschläge oder Tips wirken. Daher befinden sie sich nicht im mindesten in einer schwächeren Position als ihre deutschen Kollegen. Wer seine Arbeit nicht zur Zufriedenheit erledigt, kann dies schnell zu spüren bekommen. Nein, mit einem Fehlen von Hierarchie hat die Anrede mit dem Vornamen nichts zu tun.

Erläuterung zu d):

In Deutschland ist die Verwendung von Vornamen ein eindeutiges Signal dafür, daß man sich besser kennt und sich hierarchisch weitgehend auf gleicher Ebene befindet. Deswegen fällt es Frau Henge so schwer, ihren Chef, der ihr noch dazu völlig fremd ist, mit Vornamen anzusprechen. In England sind die Regeln für die Verwendung von Vornamen bei weitem nicht so strikt und es kommt ihnen außerdem nicht die Funktion des Abgrenzens zwischen Bekannten und Unbekannten, Vorgesetzten und Untergebenen zu. Dies wird stärker durch Inhalt, Themen und Ausgewogenheit der Gespräche widergespiegelt. Allerdings sollte man als Ausländer sicherheitshalber lieber noch bei der formalen Anrede mit Nachnahmen bleiben, oder die Anrede mit Namen komplett vermeiden, bis man beim Gesprächspartner beobachten konnte, welche Anredeform er benutzt. Das Fehlen einer speziellen Höflichkeitsform im Englischen und die universelle Anwendbarkeit des »you« erleichtert solch ein abwartendes Verhalten.

Beispiel 25: How are you?

Situation

Herr Wagner arbeitete schon einige Wochen in England im Rahmen seines Praktikums. Jeden Morgen wurde er von dem Kollegen, mit dem er sich das Büro teilte, mit einem »Wie geht's?« begrüßt, und man plauderte dann ein paar Minuten über dies und jenes. Er empfand das als sehr angenehm. Eines Tages erhielt er aus Deutschland die Nachricht, daß seine Großmutter schwer erkrankt sei. Als ihn sein Kollege am nächsten Tag nach seinem Befinden fragte, redete sich Herr Wagner seine Sorgen von der Seele. Der Engländer schaute ganz betreten und schien sich nicht sonderlich wohl in der Situation zu fühlen.

Was ist das Verhalten des Kollegen zu erklären?

- Lesen Sie nun die Antwortalternativen nacheinander durch.
- Bestimmen Sie den Erklärungswert jeder Antwortalternative für die gegebene Situation und kreuzen Sie ihn auf der darunter befindlichen Skala entsprechend an. Es ist möglich, daß mehrere Antwortalternativen den gleichen Erklärungswert besitzen.

Deutungen

a) Der Engländer hat ein schlechtes Gewissen, weil ihm nicht selbst aufgefallen ist, daß etwas mit seinem deutschen Kollegen nicht stimmt.

sehr zutreffend	eher zutreffend	eher nicht zutreffend	nicht zutreffend

b) Herr Wagners Kollege fühlt sich unwohl bei soviel Vertraulichkeit. So etwas würde er nur seinen besten Freunden erzählen.

sehr zutreffend	eher zutreffend	eher nicht zutreffend	nicht zutreffend

c) Den Briten überrascht die plötzliche Offenheit bei dem sonst so verschlossenen Deutschen.

sehr zutreffend	eher zutreffend	eher nicht zutreffend	nicht zutreffend

d) Der Kollege hat ein sehr starkes Mitgefühl mit Herr Wagner und schaut deshalb betreten.

sehr zutreffend	eher zutreffend	eher nicht zutreffend	nicht zutreffend

– Versuchen Sie, Ihre Einstufung jeder Antwortalternative zu begründen. Halten Sie die Begründung in schriftlicher Form stichpunktartig fest.
– Lesen Sie nun die Erläuterungen zu jeder Antwortalternative durch und vergleichen diese mit Ihren eigenen Begründungen.

■ Bedeutungen

Erläuterung zu a):
In England ist die Privatsphäre besonders geschützt und dies gilt vor allem im Kontakt zu Personen, die nicht dem engen Freundeskreis angehören. Aus britischer Sicht hätte der Kollege also keinen Grund, ein schlechtes Gewissen zu haben, denn selbst wenn es Herrn Wagner schlecht geht, hat er sich nicht in dessen Privatsphäre einzumischen (und will es auch überhaupt nicht!). Ganz abgesehen davon verhält er sich auch aus deutscher Sicht tadellos: Was hätte er denn machen sollen, außer zu fragen, wie es Herr Wagner gehe? Nein, diese Erklärung trifft nicht zu.

Erläuterung zu b):
Wie die Deutschen in den vorangegangenen Situationen, erkennt Herr Wagner nicht, daß er und sein Kollege aus dessen Sicht nicht miteinander befreundet sind – trotz des lockeren und freund-

schaftlichen Umgangs, den sie pflegen. Die Sorgen, die Herrn Wagner plagen, würde ein Engländer nur mit einem Freund teilen, und entsprechend unwohl fühlt sich sein Kollege als ihm Herr Wagner Dinge erzählt, die ihn nichts angehen. Ausgelöst wurde Herr Wagners Verhalten wohl durch die Frage »How are you?«, die nur eine Floskel zur Eröffnung eines Gesprächs ist. Darauf wird in der Regel ebenfalls mit einer Floskel (»Thanks, fine« oder »Not too bad«) geantwortet. Derartige Floskeln sollen eine positive Gesprächsatmosphäre schaffen und die Distanz zwischen den Gesprächspartnern reduzieren, aber nicht wirklich Privates zu Tage fördern. Als Gast ist es also ganz hilfreich, sich eine Reihe dieser Redewendungen bei Engländern abzuschauen, um sie dann selbst parat zu haben.

Erläuterung zu c):

Aus der Situation geht nicht hervor, daß sich Herr Wagner gegen den morgendlichen *small talk* gesträubt hätte, sondern er plauderte offensichtlich gern mit seinem Kollegen. Bei diesen Schwätzchen erwarten die Engländer gerade nicht, daß man allzu Privates erzählt, denn diese Gespräche sollen möglichst entspannt und unkompliziert sein. Überrascht ist der Engländer in dieser Situation sehr wohl, allerdings darüber, wie Herr Wagner überhaupt auf die Idee kommt, ihm so etwas Persönliches zu erzählen.

Erläuterung zu d):

Man kann es dem Kollegen von Herr Wagner schwerlich absprechen, daß er Mitgefühl für Herr Wagner und dessen Großmutter empfindet. Doch geht es zu weit anzunehmen, daß einen Briten bei diesem Anlaß das Mitgefühl übermannt und er offen seine Betroffenheit zeigt. Hinzu kommt, daß aus deutscher Sicht Briten zu verhaltenem emotionalen Ausdruck neigen und nicht mit plötzlichen Gefühlsaufwallungen überraschen.

Beispiel 26: Happy birthday

Situation

Frau Knabl teilte mit Mary Roth, einer Engländerin, das Büro, und die beiden verstanden sich gut, auch wenn sie sich noch nicht lange kannten. Als Frau Knabl erfuhr, daß Frau Roth Geburtstag hatte, wollte sie ihr gratulieren. Sie ging also am Morgen auf sie zu, streckt ihr die Hand entgegen und sagte: »Happy birthday«, worauf sich ihre Kollegin bedankte, Frau Knabls Hand aber ignorierte. Frau Knabl war völlig verunsichert und wußte nicht, wie sie das Benehmen ihrer Kollegin interpretieren sollte.

Warum hat Frau Roth nicht den Handschlag angenommen?

- Lesen Sie nun die Antwortalternativen nacheinander durch.
- Bestimmen Sie den Erklärungswert jeder Antwortalternative für die gegebene Situation und kreuzen Sie ihn auf der darunter befindlichen Skala entsprechend an. Es ist möglich, daß mehrere Antwortalternativen den gleichen Erklärungswert besitzen.

Deutungen

a) Händeschütteln ist sehr formell und schafft Distanz. Einfach nur so zu gratulieren wäre angebrachter gewesen.

sehr zutreffend	eher zutreffend	eher nicht zutreffend	nicht zutreffend

b) Mary hatte eigentlich erwartet, daß sie von ihrer Kollegin ein kleines Geschenk bekommen würde und ist deswegen ein bißchen enttäuscht.

sehr zutreffend	eher zutreffend	eher nicht zutreffend	nicht zutreffend

c) Engländer mögen es nicht besonders, wenn so viel Theater um ihre Person gemacht.

sehr zutreffend	eher zutreffend	eher nicht zutreffend	nicht zutreffend

d) Händeschütteln ist eine sehr förmliche Art zu gratulieren – eigentlich hatte die Kollegin erwartet, daß Frau Knabl sie umarmt.

sehr zutreffend	eher zutreffend	eher nicht zutreffend	nicht zutreffend

- Versuchen Sie, Ihre Einstufung jeder Antwortalternative zu begründen. Halten Sie die Begründung in schriftlicher Form stichpunktartig fest.
- Lesen Sie nun die Erläuterungen zu jeder Antwortalternative durch und vergleichen diese mit Ihren eigenen Begründungen.

■ Bedeutungen

Erläuterung zu a):
Stärker als in Deutschland gilt in England Händeschütteln zur Begrüßung und zur Gratulation als formell und kühl. Man schüttelt sich die Hand nur bei offiziellen Vorstellungen und Preisverleihungen. So ist Mary sicher sehr überrascht von Frau Knabls Verhalten und empfindet es als ungewöhnlich kühl, ja distanziert. Dabei ging Mary davon aus, daß sie sich doch mit ihrer deutschen Kollegin eigentlich gut verstand und nun sieht sie ja fast das Stereotyp der steifen Deutschen bestätigt. In ihrer Überraschung und weil sie es in England nicht so gewohnt ist, reagiert sie überhaupt nicht auf Frau Knabls ausgestreckte Hand.

Erläuterung zu b):
Selbst wenn Frau Knabl Mary ein wunderschönes Geschenk überreicht hätte, hätte ihr diese nicht die Hand gereicht. Nein, der Grund warum Mary ihr nicht die Hand reicht, hängt nicht mit der Erwartung eines Geschenks zusammen.

Erläuterung zu c):
Zurückhaltung ist in der Tat eine sehr geschätzte Eigenschaft auf der Insel (vgl. *Selbstdisziplin*). So ist auch oft zu beobachten, daß sich Briten unwohl fühlen, wenn um ihre Person (zu viel) Aufhebens gemacht wird. Das förmliche Ritual des Händeschüttelns anläßlich des Geburtstags mag ebenfalls als zu viel des Guten empfunden werden.

Erläuterung zu d):
Wie schon unter a) erwähnt ist eine Gratulation zum Geburtstag mit Händedruck für den englischen Geschmack sehr formell und dem Anlaß nicht angemessen. Daraus kann man allerdings nicht zwingend schließen, daß eine emotionalere Form mit Umarmung angebrachter gewesen wäre. Unter jungen Frauen auf der Insel ist inzwischen häufiger zu beobachten, daß sie sich mit Küßchen auf die Wangen und Umarmung begrüßen und verabschieden. Hier sollte man als Gast einfach genau beobachten, welche Umgangsformen im eigenen Bekanntenkreis gepflegt werden, um angemessen zu reagieren. Dieser Bereich verändert sich gegenwärtig rapide, weswegen bei Verallgemeinerung besondere Vorsicht angebracht ist.

■ Kulturelle Verankerung von »Interpersonale Distanzreduzierung«

Der englische Kulturstandard, der den sechs vorangegangenen Geschichten zugrunde liegt, heißt *Interpersonale Distanzreduzierung*. Er beschreibt die für Großbritannien typische Form der Regulierung von Nähe und Distanz im Umgang mit Mitmenschen. Dabei stellt er eine Gratwanderung zwischen zwei anderen bedeutsamen kulturellen Normen in England dar: Die immer noch wirksamen Prinzipien des Gentleman-Ideals verlangen schon allein aus Gründen der Höflichkeit, mit relativ Unbekannten ein paar freundliche Worte zu wechseln, die auch ohne weiteres in ein ungezwungenes Gespräch münden können. Außerdem wird in diesem Zusammenhang die Fähigkeit, locker und unverbindlich mit jedem kommunizieren zu können *(small talk)*, sehr hoch geschätzt und ist wesentlicher Bestandteil des Bildes vom weltgewandten Gentleman. Vergleichbar dem Kulturstandard *Selbstdisziplin* erfolgt die Verbreitung dieser Werthaltung über die Public Schools und über deren Einfluß auf die staatlichen Bildungseinrichtungen.

Wird die Fähigkeit zum unterhaltsamen *small talk* – auch mit Personen, die einem auf den ersten Blick nicht besonders sympathisch erscheinen – sehr geschätzt, so werden Neugier und Aufdringlichkeit in gleichem Maße abgelehnt. Hier wirkt der besondere Schutz der Privatsphäre des einzelnen, und dies führt nicht zuletzt dazu, daß zum Beispiel Fragen wie »How are you?« zu Floskeln wurden, die nicht als wirkliche Fragen zu verstehen sind. Themen, die zu persönliche Bereiche berühren könnten, werden von vornherein ausgeklammert. In Großbritannien ist das Verständnis von Privatsphäre weiter gefaßt und umschließt auch Bereiche wie etwa politische Ansichten, über die in Deutschland mit Vorliebe diskutiert wird.

Auch spontan vorgeschlagene Unternehmungen sind für Deutsche schwierig einzuordnen, denn es liegt nicht immer auf der Hand, ob es sich um ein distanzreduzierendes Element in der Unterhaltung handelt oder um einen wörtlich zu nehmenden Vorschlag. Dementsprechend muß eine positive Reaktion darauf nicht als verbindliche Abmachung bewertet werden, sondern als Bestandteil eines freundlichen Kommunikationsklimas. Ein gewisses Maß an Ausdauer und Geduld im Aufbau von Beziehungen ist also gefordert.

Stellt man die in Deutschland und in England gepflegten Formen des interpersonalen Kontakts gegenüber, so sind sehr viele Gemeinsamkeiten zu entdecken: In beiden Kulturen kommt dem persönlichen, privaten Raum besondere Bedeutung zu. In Deutschland wird dessen Schutz durch distanziertes Verhalten gegenüber nicht näher Bekannten gewährleistet. Eine umfassende Öffnung erfolgt erst im Rahmen von Freundschaften. In England wird eine Kommunikationsform gepflegt, die zwar schneller das Gefühl von Nähe vermittelt, aber die Privatsphäre ebenso deutlich schützt wie bei uns. Sie wird ebenfalls nur Freunden zugänglich.

Mißverständnisse ergeben sich beim Kontakt von Personen beider Kulturen dadurch, daß englisches Kontaktverhalten in das Verhaltensrepertoire freundschaftlichen Umgangs in Deutschland fällt. Es wird also eine Nähe und Freundschaft impliziert, die vom englischen Gegenüber so nicht unbedingt vermittelt werden soll. Die Fehleinschätzungen auf deutscher Seite häufen sich bei Verwendung distanzreduzierender, nicht wörtlich zu nehmender Elemente in der Konversation.

Nicht nur deutsche Gäste in England scheinen mit dieser Form der Kommunikation ihre Schwierigkeiten zu haben, auch der Holländer Renier (1930) stellt in seinem Buch »Sind die Engländer Menschen wie wir?« überspitzt fest: »Das gesprochene Wort spielt in diesem Lande tatsächlich eine so geringe Rolle in der Unterhaltung (...), daß nur wenige Leute die Voraussetzung für einen Erfolg darin besitzen. Der eingeführte Fremde schwimmt auf der (...) Oberfläche.« Mit dem hier vermittelten Wissen sollte jedoch ein Eintauchen möglich sein.

London
REISE FÜHRER
LONDON
PLANNERER

Themenbereich 7: Deutschlandstereotyp

Beispiel 27: Die Brandanschläge

Situation

Herr Karl arbeitete im Vertrieb einer englischen Firma. Eines Morgens kam er zur Arbeit und wurde dort von seinen Kollegen mit Fragen bombardiert, ob er denn schon gehört habe, was in Deutschland los sei, und wie er sich denn das erkläre. Ob es nun in Deutschland wieder losgehe mit den Nazis. Es stellte sich heraus, daß in Deutschland ein Brandanschlag auf ein Asylbewerberheim verübt worden war. Als Herr Karl abends auch noch von seiner Vermieterin darauf angesprochen wurde, war er doch sehr überrascht über ein derart starkes Interesse und eine solch große Besorgnis unter den Engländern, die ja sonst nicht so viel mit dem »Kontinent« am Hut hatten.

Was macht es aus, daß die Briten so an diesem Thema interessiert sind?

- Lesen Sie nun die Antwortalternativen nacheinander durch.
- Bestimmen Sie den Erklärungswert jeder Antwortalternative für die gegebene Situation und kreuzen Sie ihn auf der darunter befindlichen Skala entsprechend an. Es ist möglich, daß mehrere Antwortalternativen den gleichen Erklärungswert besitzen.

Deutungen

a) Da es in England ähnliche Probleme gibt, sind die Engländer sehr daran interessiert, wie in anderen Ländern damit umgegangen wird.

sehr zutreffend	eher zutreffend	eher nicht zutreffend	nicht zutreffend

b) In Großbritannien ist es häufig so, daß über Probleme in anderen Ländern viel diskutiert wird; in der ehemaligen Weltmacht ist dieses globale Denken noch stark verwurzelt.

sehr zutreffend	eher zutreffend	eher nicht zutreffend	nicht zutreffend

c) Das besondere Interesse begründet sich in der Konfliktgeschichte der beiden Ländern und der etwas verzerrten Berichterstattung über Deutschland.

sehr zutreffend	eher zutreffend	eher nicht zutreffend	nicht zutreffend

d) In Großbritannien ist die Berichterstattung über das Ausland sehr dürftig, weswegen man sich um Nachrichten aus erster Hand reißt.

sehr zutreffend	eher zutreffend	eher nicht zutreffend	nicht zutreffend

- Versuchen Sie, Ihre Einstufung jeder Antwortalternative zu begründen. Halten Sie die Begründung in schriftlicher Form stichpunktartig fest.
- Lesen Sie nun die Erläuterungen zu jeder Antwortalternative durch und vergleichen diese mit Ihren eigenen Begründungen.

Bedeutungen

Erläuterung zu a):

5,5 % der Bewohner Großbritanniens (25,6 % in London!) fühlen sich ethnischen Minderheiten zugehörig (Volkszählung 1991). So überrascht es nicht, daß es insbesondere in Ballungsräumen immer wieder zu Spannungen zwischen den unterschiedlichen Bevölkerungsgruppen kommt. Die Zeit der gewaltsamen Ausschreitungen in den sechziger und siebziger Jahren des letzten Jahrhunderts sind allerdings lange vorbei und erfahren leider jüngst eine Wiederbelebung durch den auflebenden Rechtsradikalismus. Es kann jedoch mit Bestimmtheit gesagt werden, daß das Interesse an den Ereignissen in Deutschland anders begründet ist als in der Antwort vorgeschlagen.

Erläuterung zu b):

Auf politischer Ebene ist sicherlich noch etwas von der früheren Weltmachtposition zu beobachten, sei es durch die besondere Verantwortung gegenüber ehemaligen Kolonien oder dem Auftreten bei weltweiten Kriseninterventionen. In der Bevölkerung ist allerdings deswegen das Interesse an den Verhältnissen in anderen Länder nicht stärker ausgeprägt als in Deutschland. Es ist eher sogar etwas schwieriger, sich über die Verhältnisse außerhalb des angelsächsischen Raums auf dem Laufenden zu halten, da die Berichterstattung nicht die internationale Orientierung besitzt wie in Deutschland. Hinzu kommt, daß sich politische Diskussionen im privaten Bereich bei Briten nicht der gleichen Beliebtheit erfreuen wie bei den Deutschen. Dieser Themenbereich tangiert die Privatsphäre und eignet sich so kaum für einen entspanntes Gespräch. Nein, das besondere Interesse an internationalen Geschehnissen begründet das Verhalten der Briten nicht.

Erläuterung zu c):

Deutschland und England sind durch ihre gemeinsame Vergangenheit gleichermaßen verbunden und getrennt. So ist das Deutschenbild auf der Insel von den Geschehnissen in und um den Zweiten Weltkrieg deutlich geprägt. Ereignisse in Deutschland, die dieses Bild betreffen, also mit Rechtsradikalismus, Nationalismus oder Militarismus zu tun haben, werden betont von der englischen Presse aufgegriffen und auch von der Bevölkerung mit Besorgnis registriert. Zum einen rührt diese Besorgnis aus der Tatsache, daß britische Soldaten im letzten Jahrhundert schon zweimal auf dem Kontinent eingesetzt wurden, um die Deutschen in ihre Schranken zu verweisen. Zum anderen erfahren Ereignisse wie die ausländerfeindlichen Brandanschläge in Deutschland auf der Insel eine besondere Bedeutung durch die ausführliche Berichterstattung, ganz im Gegensatz zu den sonst eher spärlichen internationalen Nachrichten. Folglich ist dies die wahrscheinlichste Erklärungsalternative.

Erläuterung zu d):
Wie unter b) erwähnt, legt die Berichterstattung der englische Medien einen deutlichen Fokus auf den angelsächsischen Raum und berücksichtigt den Rest der Welt weniger. Dies bedeutet jedoch nicht, daß sich die Bewohner der Insel auf jeden Fremden stürzen, um überhaupt Informationen über das Ausland zu erhalten. Diese Antwort ist zu überspitzt und trifft den Kern der Situation nicht.

■ Beispiel 28: Die Kündigung

■ Situation

Herr Stoffel bekam im Laufe seines Aufenthalts in England mit seinen Vermietern Schwierigkeiten: Er bezahlte für Halbpension, war jedoch am Wochenende nie beim Essen zu Hause. Deswegen entschloß er sich, pro Woche fünf Pfund weniger zu bezahlen. Als er jedoch seinem Vermieter erklärte, warum er weniger zahlen wolle und ihm die reduzierte Miete übergeben wollte, wurde dieser ausgesprochen wütend: Das könne man vielleicht in Deutschland so machen, aber hier nicht. Wenn man einen Preis für Halbpension ausgemacht habe, dann bleibe der – wenn Herr Stoffel beim Essen nicht da sei, dann wäre das sein Problem. »Aber das ist typisch deutsch: Immer fordern, für alles wollen sie Gegenleistung, alles für sich. Und morgens um 6.00 Uhr das Handtuch an den Strand legen, aber erst um 12.00 Uhr kommen.« Da platzte Herrn Stoffel der Kragen und er kündigte das Mietverhältnis.

Aber eigentlich war ihm nicht klar, warum es dazu gekommen war, daß sich sein Vermieter so aufgeregt hat?

- Lesen Sie nun die Antwortalternativen nacheinander durch.
- Bestimmen Sie den Erklärungswert jeder Antwortalternative

für die gegebene Situation und kreuzen Sie ihn auf der darunter befindlichen Skala entsprechend an. Es ist möglich, daß mehrere Antwortalternativen den gleichen Erklärungswert besitzen.

■ Deutungen

a) Der Vermieter hat ein sehr negatives Bild von den Deutschen. Herrn Stoffels undiplomatisches Vorgehen hat ihn darin bestätigt und zu diesem Ausbruch geführt.

sehr zutreffend	eher zutreffend	eher nicht zutreffend	nicht zutreffend

b) »A deal is a deal«, das ist eine alte Rechtstradition, die im englischen *common law** verankert ist. Daran sollte man sich halten.

sehr zutreffend	eher zutreffend	eher nicht zutreffend	nicht zutreffend

c) Herr Stoffel hat offensichtlich nicht bemerkt, daß das die Geduld seines Vermieters schon erschöpft war, denn sonst hätte ein Brite wegen dieser Angelegenheit nicht so reagiert.

sehr zutreffend	eher zutreffend	eher nicht zutreffend	nicht zutreffend

d) Engländer nehmen oft Untermieter auf, um ihre knappen Finanzen aufzustocken. Eine Reduzierung der Miete führt da zu schmerzhaften Einschnitten

sehr zutreffend	eher zutreffend	eher nicht zutreffend	nicht zutreffend

* Englisches Gewohnheitsrecht, das bis vor 1066 zurückverfolgt werden kann und nach wie vor gültig ist.

- Versuchen Sie, Ihre Einstufung jeder Antwortalternative zu begründen. Halten Sie die Begründung in schriftlicher Form stichpunktartig fest.
- Lesen Sie nun die Erläuterungen zu jeder Antwortalternative durch und vergleichen diese mit Ihren eigenen Begründungen.

■ Bedeutungen

Erläuterung zu a):

Auf jeden Fall ist es ungeschickt von Herrn Stoffel, den Vorschlag einer Mietreduktion erst zu machen, als es darum geht zu bezahlen. Dann auch noch zu erwarten, daß er gleich weniger zu zahlen brauche, ist schon etwas dreist. Doch dies allein macht dic Reaktion des Vermieters nicht verständlich. Herrn Stoffels Verhalten schien auch einem Vorurteil des Vermieters zu entsprechen, das dann prompt bestätigt schien: Das Bild des Deutschen, der das größte Stück vom Kuchen abhaben möchte. Die vom Vermieter zitierte Situation – der Kampf um die besten Strandliegen – ist in England Thema von Werbung und Cartoons gleichermaßen. Das Thema stammt aus Urlaubsorten im Süden. Dort, wo mit den Deutschen um die besten Platze »gekämpft« wird, die diszipliniert und unersättlich schon früh aufstehen, um den Engländern (die gelassen ausschlafen) die besten Liegen wegzuschnappen – diese dann aber gar nicht nutzen! »Haben wollen, um des Habens willen« wird als typisch deutsch angesehen. Natürlich ist dieses Bild in der Werbung überspitzt und spiegelt nur verzerrt das Bild in den Köpfen mancher Briten wieder. Allerdings scheint dort zumindest ein ähnliches Bild zu existieren, denn nur so kann der Erfolg solcher Werbespots und die Reaktion des Vermieters erklärt werden. Die deutsche Werbung spielt mit etwas schmeichelhafteren Englandstereotypen, wenn sie für Produkte mit Stil und Eleganz Käufer gewinnen will. Stereotype an sich müssen nicht schädlich sein. Probleme entstehen vor allem aus dem negativen Beigeschmack, der ihnen anhängen kann. Fleiß und Disziplin als deutsche Tugenden können von Engländern bewundert und gepriesen werden, so daß es für eine Deutschen peinlich wird. Als

Deutscher auf der Insel sollte man um entsprechende Stereotype wissen, die sehr wirksam sind und bei denen man bei bestimmten Verhaltensweisen Gefahr läuft, deren negative Aspekte zu aktivieren.

Erläuterung zu b):
Viele Briten würden die Reaktion des Vermieters im Zusammenhang mit dieser alten Regel sehen, für die »abgemacht ist abgemacht« eine annähernd treffende Übersetzung ist. Sie kann jedoch nicht die Bedeutung wiedergeben, die diesem Grundsatz zukommt. Große Teile des englischen Rechts entstammen dem alten Gewohnheitsrecht, dem *common law*, das über Jahrhunderte weitergegeben wurde und so stärker im Rechtsempfinden der Bevölkerung verankert ist als dies in Deutschland der Fall sein kann. Der Bruch solcher Gesetze kann zu aufrichtiger Entrüstung führen und mit ein Auslöser in dieser Situation sein. Andere Aspekte spielen allerdings ebenfalls eine Rolle. Lesen Sie dazu auch die anderen Erklärungen.

Erläuterung zu c):
Es ist in der Tat überraschend, von einem Briten solch einen Ausbruch zu erleben. Normalerweise wäre davon auszugehen, daß dieses Situation allein nicht ausreichen würde, um ihn oder sie aus der Fassung zu bringen. Die Vermutung, daß dieser Streit eine Vorgeschichte hat, ist nicht ganz von der Hand zu weisen.

Erläuterung zu d):
In England ist es in größeren Städten durchaus nicht unüblich, sich zum Beispiel Studenten als Untermieter in Haus zu holen, um das eigene Budget etwas aufzubessern. Allerdings würde dies allein selbst bei größter finanzieller Abhängigkeit nicht erklären, daß der Vermieter so ausfallend auf den Vorschlag einer Mietreduktion reagiert. Die Situation wird durch andere Antworten treffender erklärt.

Beispiel 29: Heil Hitler

Situation

Frau Uhland war mit ein paar deutschen Freunden in London in einer Diskothek. Ein junger Engländer von 16 oder 17 Jahren hörte, daß dies eine Gruppe Deutscher war. Er wandte sich ihnen zu, machte den »Hitlergruß« und sagte: »Heil Hitler!« Da ging Frau Uhland zu dem Jugendlichen und sagte: »Du, das ist vorbei. Da brauchst du nicht mehr blöd daherreden!« (»Don't talk such nonsense!«). Der Jugendliche war sichtlich geschockt über Frau Uhlands Reaktion und sagte nichts mehr. Frau Uhland wendete sich wieder ab und war etwas überrascht, wie wirkungsvoll ihre Reaktion war.

Wie ist diese Situation einzuschätzen?

- Lesen Sie nun die Antwortalternativen nacheinander durch.
- Bestimmen Sie den Erklärungswert jeder Antwortalternative für die gegebene Situation und kreuzen Sie ihn auf der darunter befindlichen Skala entsprechend an. Es ist möglich, daß mehrere Antwortalternativen den gleichen Erklärungswert besitzen.

Deutungen

a) Der Jugendliche wollte Frau Uhland provozieren, hatte aber nicht mit einer so heftigen Reaktion gerechnet.

sehr zutreffend	eher zutreffend	eher nicht zutreffend	nicht zutreffend

b) »Don't mention the war« heißt in England eine Regel für den Umgang mit Deutschen. Das wollte er zum Spaß ausprobieren und konnte feststellen, daß das nicht ganz falsch ist.

sehr zutreffend	eher zutreffend	eher nicht zutreffend	nicht zutreffend

c) Der Jugendliche wollte die Deutschen vertreiben und wußte, daß sie empfindlich auf dieses Verhalten reagieren würden.

sehr zutreffend	eher zutreffend	eher nicht zutreffend	nicht zutreffend

d) Der Engländer wußte gar nicht genau, was er sagte und wollte mit den einzigen deutschen Worten, die er kannte, Kontakt aufnehmen.

sehr zutreffend	eher zutreffend	eher nicht zutreffend	nicht zutreffend

– Versuchen Sie, Ihre Einstufung jeder Antwortalternative zu begründen. Halten Sie die Begründung in schriftlicher Form stichpunktartig fest.
– Lesen Sie nun die Erläuterungen zu jeder Antwortalternative durch und vergleichen diese mit Ihren eigenen Begründungen.

■ Bedeutungen

Erläuterung zu a):
Wenn Deutsche auf diese Art angesprochen werden, empfinden sie dies auf den ersten Blick oft als eine Provokation: Sie werden wie Nazis begrüßt und sollen erst mal zeigen, daß sie keine sind. Die meisten Briten sind sich dieser Wirkung jedoch nicht bewußt, und es entspricht überhaupt nicht ihren sonstigen Gepflogenheiten der Kontaktaufnahme. Ein Gespräch mit einem Fremden durch eine Provokation zu eröffnen, reduziert deutlich die Chancen auf eine entspannte Unterhaltung, die in solchen Situationen meist gesucht wird. Sicher kann man es nicht völlig ausschließen, daß der Jugendliche die Deutschen ärgern wollte, aber seine eigene Überraschung spricht dagegen.

Erläuterung zu b):
Der »Xenophobe's guide to the English« meint »etwas« überspitzt zu diesem Thema: »*Confronted with one* (einem Deut-

schen), *they* (die Engländer) *will constantly be reminding themselves ›not to mention the war‹ whilst secretly wondering whether he or she is old enough to have fought in it.*« Es gibt also in England die Redewendung »don't mention the war«. Darunter wird verstanden, daß die Deutschen »etwas empfindlich sind« hinsichtlich des Themas Zweiter Weltkrieg. Deswegen sollte man als Brite diesen Bereich bei einem Gespräch besser ausklammern, und sei es allein, um nicht überheblich zu wirken. Jedoch sind die Vorstellungen darüber, warum die Deutschen darauf peinlich berührt reagieren, sehr vage und gehen eher in die Richtung, daß sich ein Verlierer ungern zu seiner Niederlage äußert. Es ist sehr gut möglich, daß der junge Engländer es anfangs für einen gelungen Spaß hielt, Deutsche mit dem »Hitlergruß« zu empfangen. Dann ist allerdings nicht davon auszugehen, daß er um die Reaktion Deutscher auf seine Worte wußte. Sonst wäre er wohl kaum so überrascht gewesen.

Erläuterung zu c):
In England herrscht nicht der Eindruck vor, daß es genügt, Deutsche an die dunklen Kapitel ihrer Geschichte zu erinnern, um sie aus einer Kneipe zu vertreiben. Diese Antwort ist die unwahrscheinlichste Erklärung.

Erläuterung zu d):
Für einen Deutschen entsteht in England der Eindruck, daß ein Schwerpunkt der britischen Mediendarstellung von Deutschland auf dem »Dritten Reich« liegt. In Filmen, Büchern, Comics wird dieses Thema häufig aufgegriffen und selbst in aktuellen Nachrichten wird immer wieder darauf Bezug genommen. Die am häufigsten zitierten deutschen Vokabeln in den englischen Medien beziehen sich auf wirtschaftliche Aspekte (»Mark«, »Bundesbank« etc.) und auf die Zeit des Nationalsozialismus in Deutschland (»Führer«, »Stahlhelm« etc.). Die wenigen deutschen Worte, die Briten kennen, sind somit häufig auf diese Quellen zurückzuführen.

Was jedoch meist nicht in die Darstellung mit eingeht ist die Tabuisierung solcher Begriffe im heutigen Deutschland und die dadurch bedingte Sensibilität der Deutschen für diesen Themenbereich. Insbesondere junge Deutsche stört und ärgert es, wenn sie vor allem mit diesen Aspekten der Geschichte ihres Landes in Verbindung gebracht werden. In England, wie auch in anderen Ländern, ist es häufig so, daß man Fremden zeigen möchte, was man über deren Land weiß. So sah es der junge Engländer wohl als eine gute Idee an, Frau Uhland und ihre Freunde mit den wenigen deutschen Worten anzusprechen, die er kannte. Die vehemente Reaktion überraschte ihn völlig – nicht zuletzt weil solche Ausbrüche in England recht unüblich sind.

■ Lösungsstrategien

Wie würden Sie sich an Frau Uhlands Stelle verhalten?

a) Ich würde versuchen, dem Jugendlichen sein Fehlverhalten zu erklären, damit ihm so ein Schnitzer nicht nochmals unterläuft.

b) Ich denke, ich würde mich wie Frau Uhland verhalten, vielleicht nicht ganz so heftig. So sehen die Engländer am deutlichsten, daß ihr Verhalten unpassend ist.

c) Ich würde zurückgrüßen und mir ein Lachen abringen.

d) Ich würde den Burschen einfach ignorieren.

Erläuterung zu a):

Ihm die Wirkung seines Verhaltens zu erklären versuchen ist sicherlich eine bessere Idee als sich über den jungen Engländer aufzuregen. Er ist Ihnen wahrscheinlich auch dankbar, wenn Sie ihm sagen, daß dies eine denkbar schlechte Methode ist, um mit Deutschen in ein nettes Gespräch zu kommen. Allerdings sollten Sie das möglichst kurz halten, denn für einen *small-talk* zum Kennenlernen ist das »fairly heavy stuff«, und ein Vortrag über das Thema wäre ebenso wenig förderlich für eine Kontaktaufnahme.

Erläuterung zu b):

Es kommt natürlich darauf an, was Sie erreichen möchten: Ein ruhiger Abend mit Ihren Freunden, unbelästigt von Engländern – das dürften Sie erreichen, wenn Sie dem jungen Engländer eine deutliche Abfuhr verpassen, damit er das nie wieder macht. Wenn Sie jedoch auch ganz gern mit Briten in Kontakt kämen, sollten Sie vielleicht eine andere Methode wählen, um ihm mitzuteilen, daß sein Verhalten Deutsche sehr irritiert. Jemanden klar und deutlich die Meinung zu sagen, wird in Deutschland sehr geschätzt, harmoniert jedoch nicht mit englischen Verhaltensnormen. Dort wird geachtet, wenn man trotz Ärger in der Lage ist, den anderen durch die Blume wissen zu lassen, daß man sein Verhalten nicht gutheißt. Toll wäre also, wenn Sie es schaffen würden, die Ruhe zu bewahren.

Erläuterung zu c):

Zum einen ist es wohl eine Frage des politischen Instinkts, ob man in einer englischen Diskothek den »Hitlergruß« als vermeidlich humorvolle Reaktion machen will, vielleicht aber auch eine Frage des schauspielerischen Talents, inwieweit Sie in der Lage sind, gut Miene zum bösen Spiel zu machen. Was Sie nicht außer acht lassen sollten, sind andere Gäste, die das Vorspiel nicht beobachtet haben und nun nur noch den Deutschen sehen, der »Heil Hitler« sagt. Dies ist eher eine riskante Handlungsalternative.

Erläuterung zu d):

Ja, in solchen Situationen wäre man am liebsten nicht da, und am nächsten kommt diesem Wunsch das Ignorieren des Zeitgenossen, der einen in diese mißliche Lage gebracht hat. Oder es ist Ihnen einfach zu blöd, auf dieses Verhalten zu reagieren. Sie müssen sich allerdings bewußt sein, daß Sie auch Signale senden, wenn Sie nichts tun. In diesem Fall würde das Ignorieren von den Engländern als Ablehnung ihrer Kontaktaufnahme interpretiert werden und Sie würden wahrscheinlich bei der weiteren Beurteilung nicht besonders gut abschneiden: als arrogant, humorlos, langweilig. Eine aktivere Rolle würde Ihnen mehr Chancen bieten.

Kulturelle Verankerung von »Deutschlandstereotyp«

Der englische Kulturstandard, der den drei vorangegangenen Geschichten zugrunde liegt heißt *Deutschlandstereotyp*. 1996 vergaben 13–15jährige britische Jugendliche bei einer Befragung den ersten Platz als bekanntesten Deutschen in England an Adolf Hitler, wobei sich unter den ersten zehn Plätzen neben einer Reihe von Sportlern zwei weitere Nazi-Größen fanden (umgekehrt rangierte in Deutschland die königliche Familie auf den Spitzenplätzen).

Diese Umfrage reflektiert deutlich, in welchem Ausmaß die deutsch-englische Geschichte der ersten Hälfte des zwanzigsten Jahrhunderts das Deutschenbild auf der Insel prägt. Die Intensität, mit der diese Stereotype das Verhalten gegenüber Deutschen in Großbritannien beeinflussen, stellen sie von ihrer umfassenden Wirksamkeit her auf eine Stufe mit einem Kulturstandard.

Zum großen Teil gehen die Stereotype auf die beiden Weltkriege, insbesondere auf den Zweiten Weltkrieg zurück, da Großbritannien in dessen Verlauf direkten Angriffen Deutschlands auf sein Territorium ausgesetzt war. Diese nationale Bedrohung durch die Deutschen hat sich ebenso tief in das englische Bewußtsein eingegraben, wie deren Überwindung in Englands *»finest hour«* (Churchill). Aus dieser Zeit rührt ein verständliches, tiefes Mißtrauen gegenüber Deutschland und jeglichen Tendenzen, die den Eindruck von übermäßigem Selbstbewußtsein, Machtansprüchen, Militarismus oder Rassismus erwecken.

Hinzu kommt, daß sich der »Verlierer« von den fatalen Kriegsfolgen offensichtlich schneller zu erholte als die »Gewinner« und letztendlich wirtschaftlich eine bedeutsamere Position erlangte. Dies stellte die britischen Vorstellungen von Gerechtigkeit völlig auf den Kopf und gab abwertenden, selbstschützenden Vorurteilen weitere Nahrung. Das Bild des zuverlässigen und fleißigen Deutschen, der fast wie ein Automat funktioniert und dementsprechend langweilig und humorlos ist, steht in Verbindung mit dieser Entwicklung.

Nicht zu vernachlässigen sind jedoch auch die Verstärkungen, die alte Stereotype durch tatsächliche kulturelle Differenzen beider Länder erfahren. Die Differenz hinsichtlich des englischen

Kulturstandards *Selbstdisziplin*, die sich zum Beispiel in einer deutlicheren Selbstdarstellung äußert, schürt das Vorurteil, Deutsche hielten sich für die Besten. Gleiches gilt für die größere Planungsfreude auf deutscher Seite – sie kann das Stereotyp verstärken, daß die Deutschen tatsächlich alles wie eine Maschine angehen und für alle Eventualitäten ein Programm vorliegen haben müssen.

Die Vorstellung, daß in Deutschland »verzweifelt« nach dem tieferen Sinn und den Zusammenhängen hinter den Dingen gesucht wird, ist so ausgeprägt, daß sogar das Wort »Angst« Eingang in die englische Schriftsprache gefunden hat. Es wird immer dann verwendet, wenn in Deutschland weitverbreitete Sorgen zum Waldsterben, zur Kernenergie oder zur Rinderseuche in Stimmungsberichten der englischen Medien auftauchen.

Auch die anderen Stereotype werden nach wie vor in den Medien explizit oder implizit befördert, und selbst renommierte Zeitungen wie der »Guardian« vergessen selten, in Kommentaren über Deutschland mit diesen Deutschenbildern zu spielen. Besonders deutlich wird dies zu Zeiten politischer Krisen oder auch sportlicher Wettkämpfe.

Man sollte sich als Deutscher in England der Tatsache bewußt sein, daß man früher oder später zu einer Auseinandersetzung mit diesen Stereotypen und damit auch mit Teilen der deutschen Geschichte gezwungen sein wird. Sei es dadurch, daß man mit Besorgnis auf Entwicklungen in Deutschland angesprochen, an Stereotypen gemessen oder mit Phrasen aus der Zeit des »Dritten Reichs« angesprochen wird. Hier ist es wichtig zu wissen, daß die meisten jungen Briten nichts von der Tabuisierung nationalsozialistischer Umgangsformen und Diktionen aus dem »Dritten Reich« im heutigen Deutschland ahnen. Deswegen sind sie sich auch über die Schockwirkung auf Deutsche nicht im klaren. Zwar gilt gegenüber Deutschen »don't mention the war«, häufig aber ohne konkrete Vorstellung über den Grund.

In diesem Sinne ist es hilfreich, von vornherein individuelle Strategien für den Umgang mit dieser Konfrontation zu entwickeln, die nicht zu nahe an deutschen Stereotypen liegen. Eine gute Möglichkeit scheint ein humorvoller Umgang zu bieten, anstatt über aktuelle Verhältnisse in Deutschland zu dozieren.

Der auf Platz zwei genannte Deutsche in der erwähnten Rangliste, der Fußballstar Jürgen Klinsmann, hat gezeigt, daß das Deutschenbild in Großbritannien nicht irreversibel ist, sondern durch einen selbstironischen Umgang damit nicht nur die Sympathien der Fußballfans gewonnen werden konnten. In diesem Sinne wirbt auch eine deutsche Reifenfirma auf der Insel: »Dull, grey and reliable – what do you expect of a German?«

PLANNERER

Neues und Bekanntes zur Wiederholung

Beispiel 30: Zwei Bier

Situation

Herr Thiel ging zu Beginn seines England-Aufenthalts mit seiner Freundin abends in eine Kneipe. Sie beide waren begeisterte Liebhaber der englischen Pub-Kultur und hatten sich schon allein aus diesem Grund auf ihr Jahr in England gefreut. An der Theke bestellte er für sich und seine Freundin »two beers«, woraufhin ihn der Kellner korrigierte: »Two beers please!« Herr Thiel fand dies eine Unverschämtheit – seit wann wird denn in einer ganz normalen Kneipe so viel Wert auf den Umgangston gelegt?

- Lesen Sie nun die Antwortalternativen nacheinander durch.
- Bestimmen Sie den Erklärungswert jeder Antwortalternative für die gegebene Situation und kreuzen Sie ihn auf der darunter befindlichen Skala entsprechend an. Es ist möglich, daß mehrere Antwortalternativen den gleichen Erklärungswert besitzen.

Deutungen

a) Das Verhalten des Kellners ist für einen Briten tatsächlich ungewöhnlich unhöflich.

sehr zutreffend	eher zutreffend	eher nicht zutreffend	nicht zutreffend

b) Offensichtlich befand sich Herr Thiel in der Lounge eines Pubs, wo sich nur Gäste aus der Oberschicht aufhalten und deswegen sehr wohl auf einen gepflegten Umgangston geachtet wird.

sehr zutreffend	eher zutreffend	eher nicht zutreffend	nicht zutreffend

c) Solch ein Verhalten findet man häufig bei Briten, die Ausländern eher ablehnend gegenüberstehen.

sehr zutreffend	eher zutreffend	eher nicht zutreffend	nicht zutreffend

d) Höfliche Wortwahl und ein »please« bei allen Wünschen wird Briten schon von Kindesbeinen beigebracht. Ohne dieses Wörtchen klingt die Bestellung fast wie ein Befehl.

sehr zutreffend	eher zutreffend	eher nicht zutreffend	nicht zutreffend

- Versuchen Sie, Ihre Einstufung jeder Antwortalternative zu begründen. Halten Sie die Begründung in schriftlicher Form stichpunktartig fest.
- Lesen Sie nun die Erläuterungen zu jeder Antwortalternative durch und vergleichen diese mit Ihren eigenen Begründungen.

Bedeutungen

Erläuterung zu a):
Wie Sie unter *Indirektheit interpersonaler Kommunikation* schon erfahren haben, ist es in England äußerst unüblich und unhöflich, direkte Kritik zu äußern. So fällt dieser Kellner tatsächlich aus dem Rahmen des sonst üblichen Verhaltens. Solche Abweichungen von kulturellen Normen können durch Schichtzugehörigkeit, Alter, Region oder persönliche Erfahrungen bedingt sein. In diesem Fall ist es plausibel anzunehmen, daß der Kellner schon

häufiger Kontakt mit Touristen hatte und dabei die Erfahrung machen mußte, daß indirekte Kritik von diesen kaum zur Kenntnis genommen wird. Aus diesem Grund wird er dann deutlicher, als sich Herr Thiel für britische Verhältnisse unhöflich verhält. Der Kellner hat bei seiner Arbeit also ebenfalls Bausteine fremder Kulturen kennengelernt und wendet diese nun im interkulturellen Kontakt an. Die Möglichkeit, daß ein Brite partiell deutscher Normen kennt, sich dementsprechend verhält und damit von englischen Kulturstandards abweicht, sollten Sie im interkulturellen Kontakt nicht aus außer acht lassen. Die Normen Ihrer Gegenüber sind nicht statisch, sondern sie können ebenso wie Sie Elemente ihrer eigenen Kultur beinhalten.

Erläuterung zu b):
Die Differenzierung zwischen einer Lounge für gehobene Bevölkerungsschichten und einem Raum für die Arbeiterklasse geht bis weit in das letzte Jahrhundert zurück, ist aber inzwischen in den Pubs absolut nicht mehr üblich. Zwar unterscheiden sich noch häufig gerade in älteren Kneipen die beiden Räume in ihrer Ausstattung – die Lounge ist wie ein großes Wohnzimmer mit Teppich und Sesseln möbliert, der andere Raum ist eher einfach gehalten –, aber die Gäste können beliebig wählen, welchen Bereich sie nutzen wollen. Nein, diese Antwort trifft nicht zu.

Erläuterung zu c):
Die Deutlichkeit der Fehlerkorrektur läßt erahnen, daß der Kellner häufiger solche Erfahrungen mit Ausländern gemacht hat und deswegen von der unhöfliche Art des Deutschen etwas genervt ist. Sein Verhalten stellt aber eine Ausnahme dar und dürfte selbst bei Briten, die Ausländern ablehnend gegenüberstehen, selten zu beobachten sein.

Erläuterung zu d):
Wie schon in den vorangegangenen Kapiteln deutlich wurde, wird auf der Insel sehr viel Wert auf eine höfliche Wortwahl und gewählte Ausdrucksweise gelegt. In der Tat klingt ein Wunsch, dem ohne das Wörtchen »please« Ausdruck verliehen wird, in britischen Ohren häufig wie ein Befehl. Diese Norm wird auch

einem Kellner gegenüber gewahrt, der sich nicht herumkommandieren lassen muß. Allerdings ist die Art, mit der Herr Thiel von dem Kellner auf seinen unpassenden Ton hingewiesen wird, für Briten ungewöhnlich deutlich.

■ Beispiel 31: Ein Fall von Heuchelei?

■ Situation

Tom, der englische Freund von Frau Feil, sagte ihr gegenüber durchaus, wen ihrer deutschen Freunde und Freundinnen er gern mochte und welche ihm eher unsympathisch waren. Aber zu Frau Feils Verwunderung ließ er sich das diesen Personen gegenüber nicht anmerken: Wenn er mit ihr ausging und ihre Freunde dabei waren, schloß er nie einen aus. Das einzige Zeichen, das Frau Feil deuten konnte, bestand darin, daß Tom sich nicht gerade neben die Leute setzte, die er nicht leiden konnte. Ergab es sich aber anders, plauderte er auch mit ihnen.

Was war der Grund für sein Verhalten?

- Lesen Sie nun die Antwortalternativen nacheinander durch.
- Bestimmen Sie den Erklärungswert jeder Antwortalternative für die gegebene Situation und kreuzen Sie ihn auf der darunter befindlichen Skala entsprechend an. Es ist möglich, daß mehrere Antwortalternativen den gleichen Erklärungswert besitzen.

■ Deutungen

a) Seine Abneigung offen zu zeigen, wäre peinlich.

sehr zutreffend	eher zutreffend	eher nicht zutreffend	nicht zutreffend

b) Tom zeigte seine Abneigung durchaus, nur fällt dies in Großbritannien subtiler aus.

sehr zutreffend	eher zutreffend	eher nicht zutreffend	nicht zutreffend

c) Tom wollte seiner Freundin keine Schwierigkeiten machen.

sehr zutreffend	eher zutreffend	eher nicht zutreffend	nicht zutreffend

d) Gemeinschaft ist in England wichtiger als einzelne Personen, da werden unsympathische Menschen durchaus auch mal in Kauf genommen.

sehr zutreffend	eher zutreffend	eher nicht zutreffend	nicht zutreffend

- Versuchen Sie, Ihre Einstufung jeder Antwortalternative zu begründen. Halten Sie die Begründung in schriftlicher Form stichpunktartig fest.
- Lesen Sie nun die Erläuterungen zu jeder Antwortalternative durch und vergleichen diese mit Ihren eigenen Begründungen.

■ Bedeutungen

Erläuterung zu a):
In Deutschland gibt es eine Reihe Situationen, in denen man sich zurückhält und seinem Gegenüber seine Abneigung nicht offen zeigt. Dies kann durch ein Abhängigkeitsverhältnis bedingt sein, oder weil man zum Beispiel Dritte nicht brüskieren möchte.

In England ist es aber grundsätzlich üblich, Abneigung oder Zuneigung nicht offen zur Schau zu stellen (Kulturstandard *Selbstdisziplin*, wie Sie sicher noch wissen). Es wird vielmehr geschätzt, die eignen Gefühle unter Kontrolle zu haben und es wäre geradezu peinlich, wenn man seine Abneigung einer Person gegenüber nicht unterdrücken könnte. Allein aufgrund der Tatsache, daß man jemanden nicht besonders schätzt die Atmosphäre zu vergiften und den Abend zu verderben, würde von Engländern weder verstanden noch gutgeheißen.

Erläuterung zu b):
Frau Feil konnte bei Tom in der Kneipe nur kleine Anzeichen bemerken, die darauf hindeuteten, welchen Personen er nicht so

besonders zugetan war. Hier kommt zum tragen, daß englische Kommunikation häufig auf viel leiseren Sohlen unterwegs ist als deutsche: Kritik wird vorsichtiger geäußert, Anweisungen können wie freundschaftliche Vorschläge wirken und Ablehnung spiegelt sich oft nur in Häufigkeit und Länge eines trotzdem freundlichen small-talks wieder.

In solchen Situationen gehen in England *Selbstdisziplin* und *Indirektheit der Kommunikation* Hand in Hand: Man hat die eigenen Gefühle so weit im Griff, daß sie nicht offenkundig werden, und wenn Signale gesendet werden, fallen sie für deutscher Augen und Ohren sehr vage aus. Dieses Verhalten der Engländern kann zu dem Eindruck führen, daß ihre Freundlichkeit nur geheuchelt sei, allerdings unterstellt man ihnen dadurch böse Absicht. Dahinter steht jedoch eine größere Toleranz gegenüber uneindeutigen Situationen und ein daraus resultierendes geringeres Bedürfnis, »klar und deutlich zu sagen, was Sache ist«. Begleitet wird dies noch durch eine Abneigung gegenüber offenen Animositäten.

Erläuterung zu c):

Es kann davon ausgegangen werden, daß es Tom fern lag, seine Freundin in eine unangenehme Situation zu bringen. Allerdings hätte Tom seine Ablehnung auch nicht offener gezeigt, wenn seine Freundin nichts mit den Personen zu tun gehabt hätte. Diese Antwort beleuchtet nur einen Teilaspekt seines Verhaltens. Andere Erklärungen gewähren einen tieferen Einblick in seine Motivation.

Erläuterung zu d):

In England wird Gruppenzugehörigkeit in vielen Fällen stärkere Bedeutung beigemessen als dies in Deutschland der Fall ist. Mit gewissem Stolz wird nach außen Verbundenheit zur Schule, Universität oder Schicht gezeigt, während innerhalb der Gruppe immer wieder Gemeinsamkeit und Solidarität betont werden.

Es ist allerdings fraglich, wie stark dies hier zum Tragen kommt. Zwar spielt bei Tom sicher der Gedanke eine Rolle, daß er mit seinen Abneigung gegenüber einzelnen nicht eine unnötig gespannte Atmosphäre in der Gruppe erzeugen möchte, jedoch hat dies weniger etwas mit »Teamgeist« zu tun, denn dieses Verhalten läßt sich auch beim Kontakt unter vier Augen beobachten. Die beiden ersten Antworten erklären sein Verhalten zutreffender.

■ Beispiel 32: »Roomcheck!«

■ Situation

Nicole wohnte in England in einem Studentenwohnheim. In der zweiten Woche ihres Aufenthaltes klopfte es morgens um 9.00 Uhr an ihrer Zimmertür, und während sie noch schlaftrunken aufsteht, wird die Türe geöffnet. Ein Mann betritt das Zimmer, ruft »Zim merkontrolle!«, schaut sich kurz um und verschwindet wieder.

Nicole war so überrumpelt, daß sie gar nichts sagen konnte.

Wie kam dieser Mann dazu, so unverschämt in ihr Zimmer zu platzen?

- Lesen Sie nun die Antwortalternativen nacheinander durch.
- Bestimmen Sie den Erklärungswert jeder Antwortalternative für die gegebene Situation und kreuzen Sie ihn auf der darunter befindlichen Skala entsprechend an. Es ist möglich, daß mehrere Antwortalternativen den gleichen Erklärungswert besitzen.

■ Deutungen

a) Privatsphäre wird in England lange nicht die gleiche Bedeutung beigemessen wie in Deutschland.

sehr zutreffend	eher zutreffend	eher nicht zutreffend	nicht zutreffend

b) In England ist die Universität verschulter als in Deutschland und übernimmt deswegen auch mehr Erziehungs- und Aufsichtsfunktionen.

sehr zutreffend	eher zutreffend	eher nicht zutreffend	nicht zutreffend

c) Ordnung und Sauberkeit muß in England in den Wohnheimzimmern jederzeit gewährleistet sein; deswegen die überraschenden Kontrollen.

sehr zutreffend	eher zutreffend	eher nicht zutreffend	nicht zutreffend

d) Ein beliebter Spaß unter jungen englischen Studenten, bei den neu eingezogenen Studentinnen das Zimmer zu »kontrollieren«.

sehr zutreffend	eher zutreffend	eher nicht zutreffend	nicht zutreffend

– Versuchen Sie, Ihre Einstufung jeder Antwortalternative zu begründen. Halten Sie die Begründung in schriftlicher Form stichpunktartig fest.
– Lesen Sie nun die Erläuterungen zu jeder Antwortalternative durch und vergleichen diese mit Ihren eigenen Begründungen.

■ Bedeutungen

Erläuterung zu a):
»My home is my castle« lautet ein Ausspruch von Sir Edward Cohe, der auch in den deutschen Sprachgebrauch Eingang gefunden hat. Dieser Satz gilt in England nicht nur für das tatsächliche Heim, sondern bringt auch die englischen Ansichten in bezug auf die Privatsphäre im Sinne von Privatangelegenheit auf den Punkt: Privates ist in England wie in Deutschland das Allerheiligste. Jedoch gibt es bei der Beschreibung dessen, was dem Bereich »Privatsphäre« zuzurechnen ist, feine Unterschiede.

Politik, persönliche Probleme oder die eigene Weltanschauung werden in England als »privat« angesehen – in Deutschland zählen zumindest Politik und Debatten über unterschiedliche Weltanschauungen zu den Lieblingsthemen in Gesprächsrunden.

In diesem Licht betrachtet läßt sich das Verhalten des »Eindringlings« kaum damit erklären, daß man in England um die Privatsphäre des einzelnen kein großes Aufheben macht. Im Gegenteil, die Situation scheint sogar im Gegensatz zu englischen kulturellen Normen zu stehen. Eine andere Antwort geht näher auf diesen Widerspruch ein.

Erläuterung zu b):
Das englische Bildungssystem ist weniger von dem humboldtschen Gedanken geprägt, den Studierenden Selbständigkeit und Eigenverantwortung zu vermitteln. Gerade die Hochschulen verstehen sich als Institute der Wissensvermittlung, deren Effektivität nicht zuletzt durch möglichst enge und intensive Betreuung erreicht wird. Diese erhöhte Effektivität geht auf Kosten der Flexibilität und der an deutschen Universitäten geschätzten Eigenständigkeit der Studenten. In England ist die Ausbildung an den Hochschulen weniger von bildungsphilosophischen Idealen als von pragmatischen Gesichtspunkten geprägt. Diese Vorgehensweise wird natürlich partiell auch durch das Alter der Studenten bestimmt, die ihr Studium oft schon im siebzehnten Lebensjahr beginnen.

Die intensive Fürsorge erstreckt sich in vielen Universitäten bis hin zu Sicherheitsbelehrungen für die Studenten oder sogar auf die Ausgabe von Alarmsirenen, die vor Überfällen schützen sollen.

Offensichtlich werden in Nicoles Fall die Studenten im Wohnheim ebenfalls enger betreut – und zwar an puritanischen Grundsätzen ausgerichtet. Dabei wird sogar ein Bruch mit dem sonst üblichen Schutz der Privatsphäre in Kauf genommen.

Erläuterung zu c):
Vielleicht interessiert sich die morgendliche Kontrolle auch dafür, ob das Zimmer in einem verheerenden Zustand ist. Die Tageszeit und das überraschende Eindringen legt darüber hinaus allerdings die Vermutung nahe, daß es sich um ein Überprüfen handelt, ob noch eine weitere Person die Nacht in dem Zimmer verbracht hat. Um eine reine Sauberkeitskontrolle handelt es daher wohl nicht.

Erläuterung zu d):
Aufgrund des teilweise deutlichen Altersunterschiedes zwischen deutschen und englischen Studenten können gelegentlich Situationen auftreten, in denen Deutschen das englische Verhalten etwas »kindisch« oder »pubertär« erscheint.

Im vorliegenden Fall wird der »roomcheck« allerdings nicht von Studenten durchgeführt, sondern von der Hausverwaltung. Diese Antwort erklärt die Situation nicht.

■ Beispiel 33: Nur Geduld

■ Situation

Herr Pfister lebte in einem Vorort von London. Er war mit dem Zug in die Innenstadt gefahren, um dort Erledigungen zu machen und Einkäufe zu tätigen. Dabei hatte er die Zeit aus den Augen verloren und war nun etwas unruhig, als er in einem Londoner Kaufhaus an der Kasse warten mußte: Er hatte es eilig, da in einer Viertelstunde sein Zug abgefahren sein würde.

Als der Kunde vor ihm an der Reihe ist, zahlt dieser mit Scheck, und Herrn Pfister kommt es vor, als würde es eine Ewigkeit dauern. Nachdem der Kunde auch noch einen Fehler beim Ausstellen des Schecks macht und anfängt, einen neuen auszufüllen, fragt Herr Pfister den Kassierer, ob er ihn nicht schnell bedienen könne, er würde sonst seinen Zug verpassen.

Der Kassierer antwortete ihm: »Nun haben Sie doch etwas Geduld. Und wenn Sie diesen Zug verpassen, nehmen Sie halt den nächsten.«

Wie war dieses Verhalten zu verstehen?

- Lesen Sie nun die Antwortalternativen nacheinander durch.
- Bestimmen Sie den Erklärungswert jeder Antwortalternative für die gegebene Situation und kreuzen Sie ihn auf der darunter befindlichen Skala entsprechend an. Es ist möglich, daß mehrere Antwortalternativen den gleichen Erklärungswert besitzen.

Deutungen

a) In Sachen Kundenfreundlichkeit liegen die Engländer sogar noch hinter den Deutschen.

sehr zutreffend	eher zutreffend	eher nicht zutreffend	nicht zutreffend

b) Der Kassierer wagte es einfach nicht, jemanden vorzulassen.

sehr zutreffend	eher zutreffend	eher nicht zutreffend	nicht zutreffend

c) In England gilt »Fairplay«: Wer dran ist, ist dran.

sehr zutreffend	eher zutreffend	eher nicht zutreffend	nicht zutreffend

d) Selbstbeherrschung ist in England eine Tugend und die ist gerade beim Schlangestehen gefordert.

sehr zutreffend	eher zutreffend	eher nicht zutreffend	nicht zutreffend

- Versuchen Sie, Ihre Einstufung jeder Antwortalternative zu begründen. Halten Sie die Begründung in schriftlicher Form stichpunktartig fest.
- Lesen Sie nun die Erläuterungen zu jeder Antwortalternative durch und vergleichen diese mit Ihren eigenen Begründungen.

Bedeutungen

Erläuterung zu a):

In bezug auf Kundenfreundlichkeit und Kundendienst unterscheiden sich die Engländer in der Tat von den Deutschen. Allerdings verhält es sich genau umgekehrt wie in der Antwort dargestellt. Service wird in England ganz groß geschrieben. Dies kann selbst in riesigen Supermärkten so weit reichen, daß man von einer Verkäuferin bis zu der Ware geführt wird, nach der man sich erkundigt hat, oder Verkäufer Personen, die Hilfe benötigen, bei deren gesamten Einkauf begleiten.

Wer sich darüber beklagt, warum dies für deutsche Verkäufer keine Selbstverständlichkeit ist, sollte sich vor Augen führen, daß in England meist wesentlich mehr, aber deutlich schlechter bezahltes Personal zur Verfügung steht. So bleibt natürlich auch mehr Zeit für Kundendienst.

Das Verhalten des Kassierers hat also nichts damit zu tun, daß in England Kundenfreundlichkeit keine Bedeutung beigemessen wird. Dennoch überrascht die ungewöhnliche Deutlichkeit seiner Zurechtweisung und läßt, ähnlich wie bei der Situation »two beers«, vermuten, daß er schon öfter gezwungen war, ausländische Gäste auf englische Regeln hinzuweisen.

Erläuterung zu b):
Man kann es nicht völlig ausschließen, daß der Kassierer fürchtet, die anderen Kunden hätten etwas dagegen, wenn er Herrn Pfister in der Zwischenzeit bedienen würde. Aus englischer Sicht wäre es eindeutig unhöflich, den Kunden, der gerade seinen Scheck ausfüllt, einfach zu übergehen und eventuell gar zu verursachen, daß dieser Kunde warten müßte. Die Deutlichkeit seiner Aussage legt aber auch nahe, daß der Kassierer selbst ehrlich von Herrn Pfisters Verhalten genervt ist und ihn deswegen zurechtweist.

Andere Antworten treffen den Sachverhalt noch besser.

Erläuterung zu c):
Das Prinzip des »queuing«, des Schlangestehens, beinhaltet auf jeden Fall den Grundsatz, der auf deutsch »wer zuerst kommt malt zuerst« heißt. Dies ist in England absolut kein reines Lippenbekenntnis, wie es oft in Deutschland zu beobachten ist, sondern wird selbst bei größter Eile eingehalten. Alle sind gleichgestellt und niemand darf für sich den Anspruch erheben, über (bzw. vor) den anderen zu stehen und bevorzugt behandelt zu werden.

Warum dieses Prinzip auch eisern in allen Situationen durchgehalten wird und selbst unter größten Sachzwängen nicht gedrängelt wird, erklärt allerdings eine andere Antwort.

Erläuterung zu d):
In der Tat wird in diesen Situationen bei Engländern der Kulturstandard *Selbstdisziplin* wirksam: Die eigenen Bedürfnisse werden zurückgestellt oder zumindest nicht gezeigt. Vielmehr gibt man sich gelassen, geduldig und nimmt sich selbst nicht wichtiger als andere Personen. Ungeduld zeigen und Unmut über lange Wartezeiten zu äußern ist ebenso peinlich wie Versuche zu drängeln.

Herr Pfister zeigt in dieser Situation deutlich seine Ungeduld und ist sich nicht bewußt, daß sein Vorhaben in England äußerstes Fingerspitzengefühl und ausgewählte Höflichkeit erfordert. Die einfache Frage, »können Sie mich in der Zwischenzeit kurz bedienen«, ist zu sachorientiert und läßt viel zu wenig durch blicken, wie sehr man es bedauert, wie peinlich es einem ist, an dieser Stelle eine Sonderbehandlung zu wünschen.

■ Lösungsstrategien

Wie würden Sie sich an Herrn Pfisters Stelle verhalten?

a) Ich würde in der Schlange warten, bis ich an Reihe wäre, selbst wenn ich so den Zug verpassen würde.
b) Ich würde darauf beharren, bedient zu werden – irgendwie muß ich ja meinen Zug noch erwischen.
c) Ich würde den Kunden vor mir bitten, mich vorzulassen.
d) Ich würde abgezählt das Geld auf den Kassentisch legen und zu meinen Zug eilen.

Erläuterung zu a):
Mit dieser Methoden könnten Sie auf jeden Fall sicher sein, in kein Fettnäpfchen zu treten und sie würden sich kulturkonform verhalten. Eine andere Frage ist natürlich, wie gut Sie selbst dieses Vorgehen verkraften würden, und ob Sie es sich immer erlauben können, aus solchen Gründen zu spät zu kommen.

Problematisch ist bei der Anpassung an die Normen fremder Kulturen, inwieweit man die eigenen Werte verleugnen oder zur Seite legen kann, ohne sich dabei ständig ärgern zu müssen. So wäre es wenig wünschenswert, wenn Sie in solchen Situationen vor

Wut kochend in der Schlange stünden und eine Stunde zu spät zu einem Vorstellungsgespräch kämen. Erstrebenswerter wäre es wohl, sein Ziel zu erreichen und in der Zwischenzeit bedient zu werden, ohne den Unmut aller Anwesenden auf sich zuziehen.

Andere Handlungsalternativen kommen diesem Ziel näher.

Erläuterung zu b):

Es ist verständlich, daß es nicht Ihr Ziel ist, zähneknirschend in der Schlange zu stehen und den Zug zu verpassen. Aber es ist Ihnen sicher klar, daß Sie sich mit dem Beharren nicht gerade beliebt machen, denn wenn der Kassierer Sie beim ersten Versuch schon zurechtweist, wird er beim zweiten kaum plötzlich erfreut sein.

Vielleicht würde es Sie weiterbringen, wenn Sie gleich von vornherein eine andere, für Engländer akzeptablere Strategie wählen würden. Auch in England wird nicht gern der Zug verpaßt – es gibt also Wege und Möglichkeiten, diese Situation ohne allgemeinen Ärger zu lösen.

Erläuterung zu c):

Den Kunden anzusprechen ist vielleicht der beste Weg, um zum Ziel zu kommen, ohne in ein kulturelles Fettnäpfchen zu stapfen. Wenn es Ihnen gelingt, Ihr Anliegen höflich (»Excuse me Sir, would you mind ...«) und um Verzeihung bittend (»I am awfully sorry ...«) vorzubringen, sind Sie bei dem Kunden sicher an der besseren Adresse als bei dem Kassierer, dem es eigentlich gar nicht zusteht, Sie vorzulassen. Mit dem richtigen Ton stehen die Chancen auch nicht schlechter als in Deutschland, daß Sie Gehör finden und sich nicht in der Schlange schwarz ärgern müssen.

Erläuterung zu d):

Wenn die Ware nicht elektronisch diebstahlgesichert ist, haben Sie eine gute Chance, daß Ihr Verhalten, wenn auch vielleicht kopfschüttelnd, akzeptiert wird. Höflich und guter Stil ist es deswegen noch nicht unbedingt. Sie sollten dieses Vorgehen zumindest durch eine Vielzahl von »awfully sorry« begleiten und die Dringlichkeit betonen, mit der Sie diesen Zug erwischen müssen.

Peinlich wird die ganze Sache natürlich, wenn die Ware gesichert ist und Sie den Alarm auslösen.

■ Beispiel 34: Die Party

■ Situation

Zu Beginn seines Auslandsstudiums in England wurde Herr Ruprecht von einem englischen Kollegen auf eine Party eingeladen. Im Laufe dieses Abends lernte er eine Reihe von Leuten kennen, mußte jedoch feststellen, daß das gegenseitige Vorstellen oft sehr ungewohnt ablief: Er ging auf die Leute zu, sagte: »Hallo, ich heiße Ruprecht!« und streckte ihnen zur Begrüßung die Hand entgegen. Die meisten ignorierten jedoch seine Hand völlig und entgegnete nur »Hi« und nannten ihren Namen, was ihn doch sehr irritierte und verunsicherte.

Warum verhielten sich die Engländern so?

- Lesen Sie nun die Antwortalternativen nacheinander durch.
- Bestimmen Sie den Erklärungswert jeder Antwortalternative für die gegebene Situation und kreuzen Sie ihn auf der darunter befindlichen Skala entsprechend an. Es ist möglich, daß mehrere Antwortalternativen den gleichen Erklärungswert besitzen.

■ Deutungen

a) Den eher reservierten Engländern ist Herr Ruprecht zu schwungvoll, er überrumpelt sie einfach.

sehr zutreffend	eher zutreffend	eher nicht zutreffend	nicht zutreffend

b) Wer nicht zur Gruppe gehört, wird zunächst recht kühl begrüßt.

sehr zutreffend	eher zutreffend	eher nicht zutreffend	nicht zutreffend

c) Den Engländern ist die Begrüßung mit Händedruck zu formell.

sehr zutreffend	eher zutreffend	eher nicht zutreffend	nicht zutreffend

d) Herr Ruprecht drängt sich für englischen Geschmack ein bißchen zu sehr in den Vordergrund.

sehr zutreffend	eher zutreffend	eher nicht zutreffend	nicht zutreffend

- Versuchen Sie, Ihre Einstufung jeder Antwortalternative zu begründen. Halten Sie die Begründung in schriftlicher Form stichpunktartig fest.
- Lesen Sie nun die Erläuterungen zu jeder Antwortalternative durch und vergleichen diese mit Ihren eigenen Begründungen.

■ Bedeutungen

Erläuterung zu a):
In der Tat überrascht Herr Ruprecht die englischen Gäste mit seinem selbstbewußten und dynamischen Auftreten. Dies jedoch mit einer generellen Reserviertheit der Engländer zu erklären, ist zu allgemein und versperrt den Blick für eine Reihe von Aspekten, die diese Situation bestimmen.

Erläuterung zu b):
Selbst wenn Engländer gegenüber Neuankömmlingen und Fremden nicht ganz so aufgeschlossen sind wie Amerikaner, so herrscht auf der Insel dennoch die Tendenz vor, die Distanz zu Fremden zu reduzieren (Kulturstandard *Interpersonale Distanzreduzierung*). Man geht also auf »neue Gesichter« in einer Gruppe zu, versucht mit ihnen ins Gespräch zu kommen und sie zu integrieren. Dies hat Herr Ruprecht nach der Begrüßung sicher ebenfalls erfahren. Das Verhalten der Engländer hat hier also

nichts damit zu tun, daß es Neulinge in England besonders schwer haben, sondern bezieht sich allein auf die Art der Begrüßung.

Erläuterung zu c):
Es ist in England absolut unüblich, sich in informellem Rahmen mit Händedruck und Familiennamen vorzustellen, selbst wenn man die Leute zum ersten mal trifft. Hände werden nur bei offiziellen Veranstaltungen geschüttelt, oder wenn man jemandem offiziell vorgestellt wird. So wirkt Herrn Ruprechts Verhalten auf Briten ziemlich steif, distanziert und deplaziert – gar nicht im Stil einer britischen Kontaktaufnahme bei solch einen Anlaß, der eher betont ungezwungen, ja fast lässig ausfällt. Jedoch wissen viele Briten um die kontinentale und amerikanische Leidenschaft des Händeschüttelns und sind deswegen oft nicht zu sehr überrascht, wenn man ihnen die Hand entgegenstreckt.

Erläuterung zu d):
Wenn man den Auftritt Herrn Ruprechts betrachtet, wie er auf die anderen zugeht, ihnen die Hand entgegenstreckt und sich vorstellt, dann läßt sich das schwerlich mit der im Kulturstandard *Selbstdisziplin* beschriebenen Zurückhaltung in Einklang bringen. In England läuft man mit solch einem Verhalten Gefahr, als »a bit too self-assured«, ein bißchen zu selbstsicher, beurteilt zu werden. Im ungünstigsten Fall kann man damit sogar als »Wichtigtuer« oder »aufdringlich« eingestuft werden. Briten mögen es vielmehr, wenn man sich möglichst beiläufig zu integrieren versteht, ohne besonders die Aufmerksamkeit auf sich zu lenken – selbst wenn das hier gar nicht Herrn Ruprechts Absicht war. Am besten wäre es, die Begrüßung auf ein »Hi« oder »Cheers« zu reduzieren und sich gleich in ein Gespräch zu stürzen, in dessen Verlauf man dann ja Namen austauschen kann.

15.
PLANNERER

Kurze Zusammenfassung

Selbstdisziplin

- Emotionskontrolle,
- Haltung bewahren,
- Zurückhaltung in bezug auf eigene Leistungen.

Indirektheit interpersonaler Kommunikation

- besonderer Schutz der Privatsphäre,
- Indirektheit beim Äußern von Kritik,
- Diskussionskultur, die weniger auf Konfrontation, sondern auf Einigung und Kompromiß ausgerichtet ist.

Ritualisierung

- starke Identifikation mit der eigenen Gruppe,
- Symbole und Rituale als verbindende Elemente in der Gesellschaft.

Pragmatismus

- Abneigung gegen theoretische Planung, lieber »durchwursteln«,
- ausgeprägte Kompromißbereitschaft als Form des Krisenmanagements,
- Berufung auf gesunden Menschenverstand hat mehr Gewicht, als sich auf wissenschaftliche Theorien zu beziehen,
- »down to earth«.

■ Ritualisierte Regelverletzung

- teilweise sehr freimütiger Umgang mit intimen Themen,
- überraschender Bruch mit der sonstigen Selbstdisziplin,
- Humor, Ironie und Sarkasmus als Mittel der Regelverletzung.

■ Interpersonale Distanzreduzierung

- Small talk als Mittel der Distanzreduzierung,
- Privatsphäre bleibt lange ausgespart,
- nicht alles ist wörtlich gemeint,
- Gespräch mit Fremden gebietet allein die Höflichkeit,
- britische Freundlichkeit ähnelt deutscher Freundschaftlichkeit.

■ Deutschlandstereotyp

- Krieg bedingt tiefes Mißtrauen Deutschen gegenüber,
- Vorstellung von Deutschen als humorlos, arrogant und besserwisserisch,
- Deutsche als Volk der Grübler,
- Humor als Brückenfunktion.

PLANNERER

Schlußbemerkung

Mit Hilfe von Kulturstandards läßt sich die Vielschichtigkeit einer Kultur beschreiben und in ein erlernbares Format bringen. Dies muß bei der Interpretation und Verwendung des hier vorgelegten Trainingsprogramms, das den empirisch ermittelten britischen Kulturstandards folgt, berücksichtigt werden.

Nicht alle Briten sind also im gleichen Maße höflich und kontrolliert im Ausdruck ihrer Emotionen, und man wird als Deutscher auch nicht überall mit Deutschlandstereotypen konfrontiert werden. Die Bandbreite der Verhaltensweisen bei Briten ist ebenso wie bei Deutschen durch persönliche Erfahrungen, Schichtzugehörigkeit, Lebensraum, Alter und andere Merkmale geprägt. Den Rahmen dafür bilden allerdings die im jeweiligen Kulturraum gültigen Regeln und Normen, die in diesem Training in Form von Kulturstandards beschrieben sind.

Deswegen sind die hier vermittelten britischen Normen als ein zusammenhängendes System zu begreifen, welches nicht mechanisch und automatisch zum Verstehen individuellen Verhaltens verwendet werden sollte. Nutzen Sie die Kulturstandards als Gerüst, das sie mit eigenen Erfahrungen füllen und verfeinern können.

Darüber hinaus ist bei der Interpretation der britischen Kulturstandards zu bedenken, daß zu den individuellen Erfahrungen eines Briten auch sein Wissen um die deutsche Kultur gehören kann. Dieses Wissen, sei es durch häufigen Kontakt (Tourismusregion) oder über Medien erworben, beeinflußt ebenfalls das Verhalten des Gegenübers und kann dazu führen, daß er oder sie sich nicht mehr nur im Rahmen britischer Normen bewegt. Oft genügt es zu erkennen, daß die andere Person einer anderen Kultur angehört, um im eigenen Benehmen vom sonst Üblichen abzuweichen. Man denke nur daran, wie oft türkische Mitbürger von Deutschen in »gebrochenem« Deutsch angesprochen werden – sozusagen als vorweggenommene Anpassung an deren vermutetes Sprachverständnis.

Literaturempfehlungen

Brockhaus – die Bibliothek. Großbritannien/London (1997).
Nachschlagewerk für alles, was man jemals glaubt über Großbritannien wissen zu müssen; leider bleibt das Kapitel zur »englischen Mentalität« oberflächlich und begnügt sich mit der Wiedergabe von Stereotypen.

Nigel Barley (1995): *Traurige Insulaner. Als Ethnologe bei den Engländern.* Stuttgart: Klett-Cotta (170 Seiten).
Ein Ethnologe beschreibt Briten aus der Perspektive, die sonst zivilisationsfernen Völker zuteil wird. Das Buch bietet amüsante, aber auch sehr erhellende Einsichten.

Rainer Emig (Hg.) (2000): *Stereotypes in contemporary Anglo-German relations.* London: Macmillan Press.
Konferenzband der den Stand deutsch-britischer Beziehungen in unterschiedlichen Zusammenhängen beleuchtet: Vom Schüleraustausch über Sport bis hin zur wirtschaftlichen Zusammenarbeit. Vor allem die aktuellen Studien zu Stereotypen in beiden Ländern sind hochinteressant.

Hans-Dieter Gelfert (1995): *Typisch englisch: Wie die Briten wurden was sie sind.* München: Beck.
Ein Anglist beleuchtet englische Charakterzüge und deren historische Entwicklung; sehr umfassend, detailliert und unterhaltsam geschrieben – absolut empfehlenswert! Umfangreiches kommentiertes Literaturverzeichnis.

Theodor Haller (1988): *Unbekannter Nachbar England.* Stuttgart: AT Verlag.
Vermittelt einen ausgezeichneten Einblick in englische Weltanschauungen und Ideologien seit dem Mittelalter und deckt die Unterschiede zu Deutschland auf. Der Inhalt ist nicht so sehr auf individuelles Verhalten bezogen, sondern bietet in

einem essayhaften Stil einen Überblick über englische Politik-, Sozial- und Geistesgeschichte. Das Buch ist leider nicht mehr im Handel, aber in gutsortierten Bibliotheken erhältlich.

Thomas Kielinger (1996): *Die Kreuzung und der Kreisverkehr.* Bonn: Bouvier.
Unterhaltsames Buch über Gemeinsames und Trennendes zwischen Briten und Deutschen. Viele amüsante und interessante Anekdoten, jedoch kaum hilfreich für den Umgang mit Menschen von der Insel.

Werner Lansburgh (1977): *Dear Doosie. Eine Liebesgeschichte in Briefen. Auch eine Möglichkeit, sein Englisch spielend aufzufrischen.* Frankfurt a. M.: Fischer.
Herrliche Art, sein Englisch wiederzubeleben, und ganz nebenbei lernt man eine ganze Menge über England, die Briten, englische Anzüglichkeiten und anderes. Empfehlenswert.

Antony Maill (1997): *Die Engländer pauschal.* Frankfurt a. M.: Fischer.
Ein kleines, etwas boshaftes Buch über die Besonderheiten der Briten. Sicherlich keine wissenschaftliche Abhandlung, aber sehr nahe am alltäglichen Leben und überaus unterhaltsam zu lesen. Bestseller in England! Interessant ist auch der Guide für Deutschland, um die englische Sicht der Deutschen kennenzulernen – aber Vorsicht, die ist nicht gerade idealisierend.

George Mikes (1966): *How to be an alien. A handbook for beginners and more advanced pupils.* London: Andre Deutsch.
Das sicherlich am häufigsten zitierte Buch über den englische Charakter. Aus der Sicht eines ungarischen Einwanderers, der scharfsinnig und spitzzüngig über die Briten schreibt. Mehrmals neu aufgelegt. »A must!« Die Vielzahl (schlechterer) Nachfolgebände kann man sich hingegen sparen.

Karl Philipp Moritz (2000): *Reisen eines Deutschen in England.* Frankfurt: Insel Verlag.
Briefe eines Deutschen, der im Jahre 1782 England bereist. Authentische Schilderung eines Kulturschocks und viele amüsante Anekdoten, die einem die Insel näherbringen. Übrigens schon damals war der englische Kaffee gefürchtet.

Richard Münch (1993): *Die Kultur der Moderne. Bd. 1 Ihre Grundlagen und ihre Entwicklung in England und Amerika.* Frankfurt a. M.: Suhrkamp

Gibt ähnlich wie Haller einen Überblick der englischen Geistesgeschichte und Werthaltungen; jedoch anstrengender zu lesen. Sehr umfassend und fundiert.

Jeremy Paxman (1999): *The English – a portrait of a people.* London: Penguin Books.

Englischer Journalist schreibt über gegenwärtige Veränderungen in der englischen Gesellschaft in Zusammenhang mit Globalisierung und zunehmender Selbständigkeit Schottlands und Wales'. Leidenschaftliche und scharfsinnige Auseinandersetzung mit dem, was der Autor »the English identity« nennt. Ansichten, die in mancher Hinsicht von anderen Autoren abweichen und Deutsche zum Perspektivenwechsel zwingt.

Mike Storry und Peter Childs (Hg.)(1997): *British cultural identities.* London: Routledge.

Sehr aktueller, umfassender Überblick über Trends in der englischen Gesellschaft; soziologisches Fachbuch, sucht nicht den Vergleich zu deutschen Verhältnissen; nicht auf deutsch erhältlich, aber auch ohne fachspezifischen Kenntnisse sehr gut zu verstehen.

Alexander Thomas (Hg.) (1996): *Psychologie interkulturellen Handelns.* Göttingen: Hogrefe.

Standardwerk zu interkulturellem Lernen und Kontakt zwischen Kulturen; liefert umfassende Informationen sowohl zur Theorie und Forschung als auch zur Praxis interkulturellen Handelns. Wer sich intensiver mit der interkulturellen Thematik beschäftigt, sollte auf dieses Buch nicht verzichten.

Wenn Sie weiterlesen möchten ....

Alexander Thomas (Hg.)

Handbuch Interkulturelle Kommunikation und Kooperation

Band 1: Grundlagen und Praxisfelder

Band 2: Länder, Kulturen und interkulturelle Berufstätigkeit

Die Fähigkeit zur interkulturellen Kommunikation und Kooperation mit Menschen aus unterschiedlichen Nationen wird immer bedeutsamer. „Interkulturelle Handlungskompetenz" ist bereits eine von vielen Arbeitgebern geforderte Schlüsselqualifikation.
Autoren aus verschiedenen Ländern erläutern praxisorientiert die zentralen Begriffe interkultureller Kommunikation und Kooperation und den aktuellen Stand der Forschung, stellen kulturspezifische Informationen zu ausgewählten Kulturregionen anhand authentischer Fallbeispiele dar, diskutieren Methoden der Diagnose, des Trainings und der Evaluation von Handlungskompetenz und behandeln zentrale Aufgaben interkulturellen Managements. Darstellungen unterschiedlicher interkultureller Praxisfelder, wie der Personalentwicklung, der Migration, der Rechtspraxis, sowie Überlegungen zu einem strategischen Gesamtkonzept für interkulturelles Handeln in Unternehmen beschließen den Band.

Der zweite Band widmet sich einzelnen Ländern und Kulturen und gibt einen Überblick über interkulturelle Problemstellungen und Anforderungen in den unterschiedlichsten Berufsfeldern, in denen Internationalität und interkulturelle Kompetenz gefragt und gefordert sind.
Die Autoren aus verschiedenen Ländern stellen kulturspezifische Informationen zu ausgewählten Weltregionen dar mit authentischen Fallbeispielen, länderspezifischen Kulturstandards und kulturhistorischen Hintergründen.

Sylvia Schroll-Machl

Doing Business with Germans

Their Perception, Our Perception

This book concerns itself with the two sides of German business partnerships in an intercultural setting: on the one hand it deals with people working from their home country with Germans, as well as with expatriates who are living in Germany, and on the other hand it portrays Germans who have business relationships with people from all over the world, be it per business meeting or via telecommunication.
Based on her academic training and many years of experience, Sylvia Schroll-Machl describes many typical experiences that foreigners have with Germans and offers typical impressions of their behavior. It is her intention to show these experiences from a German point of view, so that non-Germans can discover what Germans actually mean when they say and do particular things. The author also concerns herself with the cultural and historical background which has shaped the German identity.

Die Deutschen –Wir Deutsche

Fremdwahrnehmung und Selbstsicht im Berufsleben

Das Buch wendet sich zum einen an jene, die mit Deutschen von ihrem Heimatland aus zu tun haben, oder als Expatriate, der für einige Zeit in Deutschland lebt, zum anderen an die Deutschen, die mit Partnern aus aller Welt im Geschäftskontakt stehen, sei es per Geschäftsbesuch oder via Kommunikationsmedien. Für die erste Gruppe ist es wichtig, Informationen über Deutsche zu erhalten, um sich auf uns einstellen zu können. Für Deutsche selbst ist es hilfreich zu erfahren, wie unsere nichtdeutschen Partner uns erleben, um uns selbst im Spiegel der anderen zu sehen.
Sylvia Schroll-Machl berichtet auf dem Hintergrund langjähriger Praxis als interkulturelle Trainerin und Wissenschaftlerin über viele typische Erfahrungen mit uns Deutschen und typische Eindrücke von uns. Es geht ihr aber auch darum, diese Erlebnisse und Erfahrungen aus deutscher Sicht zu beleuchten, damit die nicht-deutschen Partner entdecken, wie wir eigentlich das meinen, was wir sagen und tun.

Handlungskompetenz im Ausland

Trainingsprogramme für Manager, Fach- und Führungskräfte

Marlis Martin / Alexander Thomas
Beruflich in Indonesien
2002. 177 Seiten mit 11 Cartoons, kart. ISBN 3-525-49052-6

Das wissenschaftlich fundierte Trainingsprogramm wendet sich an alle, die sich auf einen beruflichen Aufenthalt in Indonesien vorbereiten. Es ist für das Selbststudium konzipiert und zielt darauf ab, Verhalten und Verhaltensweisen aus der Perspektive von Mitgliedern der indonesischen Kultur interpretieren zu lernen, um sein Gegenüber besser verstehen und somit angemessener handeln zu können.

Alexander Thomas / Eberhard Schenk
Beruflich in China
2001. 148 Seiten mit 11 Cartoons von Jörg Plannerer, kart. ISBN 3-525-49050-X

„Anhand von Situationen aus Arbeits- und Lebensbereichen werden Programmstellungen und Konfliktsituationen analysiert und alternative Verhaltensmöglichkeiten vorgestellt. Basis der Abhandlung sind Erfahrungen deutscher Manager in der Volksrepublik.“
Nachrichten des Ostasiatischen Vereins

Sabine Foellbach / Katharina Rottenaicher / Alexander Thomas
Beruflich in Argentinien
2002. 149 Seiten mit 10 Cartoons von Jörg Plannerer, kart. ISBN 3-525-49053-4

Claude-Hélène Mayer / Christian Boness / Alexander Thomas
Beruflich in Kenia und Tansania
2003. Ca. 150 Seiten mit einigen Cartoons, kart. ISBN 3-525-49054-2

Tatjana Yoosefi / Alexander Thomas
Beruflich in Russland
2003. Ca. 150 Seiten mit einigen Cartoons, kart. ISBN 3-525-49056-9

Sylvia Schroll-Machl / Ivan Nový
Beruflich in Tschechien
2003. Ca. 150 Seiten mit einigen Cartoons, kart. ISBN 3-525-49055-0

V&R
Vandenhoeck & Ruprecht